草坪地被植物病虫草害图鉴

赵德海　丁世民　编著

山东大学出版社
SHANDONG UNIVERSITY PRESS
·济南·

图书在版编目(CIP)数据

草坪地被植物病虫草害图鉴 / 赵德海，丁世民编著
. —济南：山东大学出版社，2024.4
ISBN 978 – 7 – 5607 – 8216 – 4

Ⅰ.①草… Ⅱ.①赵… ②丁… Ⅲ.①草坪 – 地被植
物 – 病虫害防治 – 图集 Ⅳ.①S436.8 – 64

中国国家版本馆CIP数据核字(2024)第092670号

策划编辑　唐　棣
责任编辑　唐　棣
封面设计　王秋忆

草坪地被植物病虫草害图鉴
CAOPING DIBEI ZHIWU BING – CHONG – CAOHAI TUJIAN

出版发行	山东大学出版社
社　　址	山东省济南市山大南路20号
邮政编码	250100
发行热线	(0531)88363008
经　　销	新华书店
印　　刷	济南巨丰印刷有限公司
规　　格	787毫米×1092毫米　1/16
	12.75印张　300千字
版　　次	2024年4月第1版
印　　次	2024年4月第1次印刷
定　　价	160.00元

序

翻阅案头这本由赵德海、丁世民两位先生编著,由山东大学出版社出版,名为《草坪地被植物病虫草害图鉴》的书稿,脑中突然冒出一句颇有印象的某名品的广告语:"去繁就简,回归本心。"借用此言,前四个字可视为该作品的编著特质,后四个字则彰显作者编著此书的良苦用心。

当今科技的影响已经达到了前所未有的程度,"在普及的基础上提高和在提高指导下的普及"越来越受到全社会的关注。编著一部兼具严谨专业科学内涵和深浅相宜的生物科普常识的专著并非易事。此书较好地做到了为该行业科技教育工作者释疑解惑作为镜鉴参考,也为植物和植物保护学科兴趣爱好者普及该项生物知识提供了一把开门钥匙,更为该领域的管理工作者和生产一线作业者送上了一本易读、易学、易用的实践工具书。

诚然,无论是在宏阔的生物界抑或是在国土绿化的植物材料范畴,草坪与地被植物仅仅是其中的一个门类和一部分绿植用材,但它们的确是不可或缺,亦不可替代的。它们是整个自然生态环境底色中的底色,国土绿化基本盘中的基本盘,更是在城乡园林绿化建设中凭藉绿坪实现"黄土不见天"的作业主体。不论是在高雅的"小众"场所,或是在开阔的"大众"环境,追求生态和景观双高质,都不可能没有草坪与地被植物。即便是在十分恶劣、苛刻、贫瘠的环境中,可能不适宜栽种高大乔木树种,但却不可能没有草坪与地被植物。"疾风知劲草",不仅道出了它们的顽强坚韧,更彰显了它们的博大和宽广。但作为生物个体,它们又的确是柔弱、单薄甚至是"多灾多难"的。其中病害、虫害、杂草便是威胁它们健康发育和生长安全的大敌。因此,科学的防控和全程的保护不仅十分必要,而且必须持之以恒,有的放矢。这个放矢之"的"就是草坪与地被植物遭受损毁侵害之"敌"。战敌必先识敌,知己知彼方能百战不殆,这个"彼"就是对病虫草害的分布范围、为害特点、形态特征、生物学特性及发生规律的掌控,这个"己"就是简单、方便、有效且针对性强的防控措施与方法。该书收录的47种病害、53种害虫、113种杂草,对此都具有较为精准的描述。

统观全书，内容丰富，涵盖地域较广，涉猎行业除园林外，农、林、牧、旅、体（如足球场、高尔夫球场）皆有触及。专业表述通俗易懂，体例新颖规范，防治理念科学，技术方法实用。全书辑录的213种病虫草害，皆配以插图，实现了图文并茂，查询方便，易学、易记、易用。此书虽不是大部头学术专著，却也是作者集多年教学科研和管理实践于一体，积专业理论认知和生产管理体验于一身，厚积薄发，成就了这本专著。

"删繁就简三秋树，领异标新二月花。"（清·郑板桥）全书篇幅不长，言简意赅。自始至终兼具包容性和针对性，兼顾可读性和指导性，是一本适合科研、教学、管理、生产的专业工具书；也是一本融合知识性和科普性，适于生物爱好者的入门图书；对于从事园林植物抚育养护和植物保护的工作者，更是"开卷有益"、可读应读、可用必用之书。

蒙该书编著者将原稿送阅并嘱序，读有所感，学有所获，是文为序。

中国风景园林学会植物保护专业委员会资深顾问
中国园林植物保护高端论坛专家委员会资深顾问
园林植物保护首届终身贡献奖获得者
园林植物保护首届终身成就奖获得者
研究员
2024年3月21日

前　言

随着我国园林绿化事业的不断发展,草坪与地被植物已成为现代园林建设不可或缺的一部分,在绿化城镇、改良生态、保护环境等方面发挥着越来越重要的作用。然而其在养护管理过程中常常受到各类病虫草害的侵扰,造成叶黄枝枯,生长不良,大大降低了园林绿化的景观效果和生态效益。面向园林专业一线技术人员推出图文并茂、形象直观、易学易用、查询方便的《草坪地被植物病虫草害图鉴》,深入普及相关知识与技能,加强对草坪地被植物病虫草害的识别、监测与无公害防控力度,全方位提高园林绿化养护管理水平,意义深远。

《草坪地被植物病虫草害图鉴》一书,由"草坪地被植物常见病害""草坪地被植物常见害虫""草坪地被植物常见杂草"三部分构成,重点对草坪地被植物常见病虫草害的发生类型、为害特点与综合防控措施进行了系统而全面的阐述。本书语言描述由浅入深,既通俗易懂,又不失专业特色,力求做到准确、新颖、实用、可读性强。在病虫草害防控上,积极倡导"综合治理"的理念,即在保证生态环境安全和人类健康的前提下,统筹协调"检疫检查技术、养护管理技术、生物防控技术、物理防控技术、化学防治技术",达到安全有效防控病虫草害的目的。

本书所包含的病虫草害,几乎囊括了草坪地被植物上常见的病虫草害类型。除了全面介绍病虫草害的中文名(别名)、拉丁学名、科属、分布、寄主、形态特征、发生规律和防治方法外,还对部分病虫草害的传统防控观点、名称称谓、有关术语、寄主种类等进行了认真推敲、校正、核准。在各类有害生物综合防治措施中,重点突出了"实用新技术、有效新方法"。

全书以图文并茂的形式收录了为害草坪地被植物的病虫草害213种(其中病害47种,害虫53种,杂草113种),易读、易学、易懂、易用。每一种病虫草害都配有实物拍摄的数码照片,并辅以相应的文字介绍,内容丰富翔实,概括性、针对性、指导性强。本书体例新颖,简明科学,查询方便。

本书编著者赵德海高级工程师与丁世民教授,具有30余年的草坪地被植物病虫草害防治工作经验,书中插图为作者多年拍摄积累的数码照片,文字描述为大量课题研究核心技术的提炼,具有很强的创新性与实用性,是园林绿化行业相关专业技术人员、大中专院校师生、科技工作者和广大农民朋友的良好参考用书。

本书编写过程中,引用了部分同行专家的少量科研成果、科技论著。同时承蒙山东农业大学郑方强教授、刘振宇教授以及内蒙古包头市园林局植保站赵金锁工程师鉴定部分病虫图片,先正达(中国)投资有限公司、郑氏化工产品有限公司、郑州市坪安园林植保技术研究所、潍坊瑞秋园林科技有限公司提供部分药剂资料,牛少君、史玲、张倩文、郭春月、李香宁、卢秀影、周雪萍、魏新鑫提供部分图片并协助整理资料,在此一并表示衷心感谢!

由于我们的水平和所掌握的资料有限,加之时间仓促,书中不足之处在所难免,恳请同行专家及广大读者批评指正。

2024年3月

目　录

第一章　草坪地被植物常见病害

第二章　草坪地被植物常见害虫

第三章　草坪地被植物常见杂草

一、禾草类杂草

二、阔叶杂草

第一章 草坪地被植物常见病害

一、白粉病类

1.草坪禾草白粉病

[分布与为害] 本病广泛分布于全国各地,可侵染狗牙根、草地早熟禾、细叶羊茅、匍匐翦股颖、鸭茅等多种禾草,其中以早熟禾、细羊茅、狗牙根发病最重。

[症状] 病菌主要侵染叶片和叶鞘,也为害茎秆和穗。受害叶片开始出现1~2 mm大小病斑,以正面较多,以后逐渐扩大呈近圆形、椭圆形绒絮状霉斑;初为白色,后逐渐变为灰白色至灰褐色,后期病斑上有黑色的小粒点。随着病情的发展,叶片变黄,干枯死亡。受害草坪呈灰色,像是被撒了一层面粉(图1-1a、图1-1b)。

图1-1a 草坪禾草白粉病　　　　　　图1-1b 草坪禾草白粉病

[病原] 子囊菌门,禾白粉菌 *Erysiphe graminis* DC.,同禾布氏白粉菌 *Blumeria graminis*(DC.)Speer。

[发病规律] 病菌主要以菌丝体或闭囊壳在病株体内越冬,也能以闭囊壳在病残体中越冬。翌春越冬菌丝体产生分生孢子,越冬的子囊孢子也释放、萌发,通过气流传播。环境温湿度与白粉病发生程度有密切关系,15~20 ℃为发病适温,25 ℃以上时病害发展

受抑制。空气相对湿度较高有利于分生孢子萌发和侵入,但雨水太多又不利于其生成和传播。南方春季降雨较多,如在发病关键时期连续降雨,不利于白粉病发生和流行;但在北方地区,常年春季降雨较少,因而,春季降雨量较多且分布均匀时,有利于白粉病的发生。水肥管理不当、荫蔽、通风不良等都是诱使病害发生的重要因素。

2.三叶草白粉病

[分布与为害]　本病分布于全国各地,是为害三叶草的常见病害。

[症状]　发病初期在叶片两面出现白色粉状霉斑(图1-2a、图1-2b),后迅速覆盖叶片的大部或全部。病害流行时,整个草地如同喷过白粉。严重时,可使叶片变黄或枯落,种子不实或瘪劣。后期白色病斑上产生许多黑褐色小黑点,即病原菌的闭囊壳。

图1-2a　白三叶草白粉病　　　　　　　　图1-2b　白三叶草白粉病

[病原]　子囊菌门,豌豆白粉菌 *Erysiphe pisi* DC.。

[发病规律]　病菌主要以休眠菌丝在寄主体内越冬。在大多数三叶草种植区,分生孢子阶段(*Oidium* sp.)是主要致病体,如在我国贵州,红三叶草就不产生有性阶段的闭囊壳,在新疆的野生白三叶草也很少形成闭囊壳。分生孢子借风传播,生长季节可进行多次的再侵染,造成病害流行。潮湿、日间热、夜间凉爽、多风的条件,有利于此病的流行。多雨或过于潮湿,则不利于病害的发生。过量施氮肥或磷肥,可加重病害的发生。增施钾肥可抑制菌丝的生长,使病情减轻。

3.荷兰菊白粉病

[分布与为害]　本病分布于全国各地。植株病重时表面布满白粉,削弱长势,减少花量,降低观赏价值。

[症状]　病菌可为害叶片、嫩梢和嫩茎。叶片发病初期,正面出现薄薄的白色粉层,即病原菌的菌丝体和分生孢子梗,叶片背面症状类似。发病后期,白色粉层中生出许多黑色小点,即病原菌的有性世代——闭囊壳。嫩梢、嫩茎受害后亦产生类似症状(图1-3a、图1-3b、图1-3c)。

| 图1-3a　荷兰菊白粉病 | 图1-3b　荷兰菊白粉病 |

［病原］　有性阶段为子囊菌门，二孢高氏白粉菌 *Golovinomyces cichoracearum*（DC.）V. P. Heluta，同 *Erysiphe cichoracearum* DC.；无性阶段为无性态真菌，粉孢属 *Oidium chrysantheni* Rabenh。

［发病规律］　病菌以闭囊壳在受害植株病残体上越冬。翌年春末夏初产生子囊孢子，借气流传播，进行初侵染，自气孔、皮孔侵入。生长季节产生分生孢子进行多次再侵染，6月中旬至10月上旬都可引起发病。闭囊壳形成较晚，在华北一般9月下旬至10月上旬可见。干旱年份发病较为严重。

4. 金鸡菊白粉病

［分布与为害］　本病分布于全国各地，近年来有上升趋势。植株病重时茎秆（图1-4a）及叶面布满白粉，削弱长势，减少花量，降低观赏价值。

图1-3c　荷兰菊白粉病

［症状］　病菌主要发生在叶片及嫩梢上，被害叶片呈现大小不一的黄色病斑，病叶皱缩扭曲，叶面逐渐布满白色粉层（图1-4b）。5~6月开始发病，8~9月发病严重时在白色的粉层中形成黄白色小圆点，后逐渐变为黑褐色（图1-4c），即病菌的闭囊壳。一般叶面较多，叶背少，严重时导致叶片枯萎脱落。

［病原］　子囊菌门，二孢高氏白粉菌 *Golovinomyces cichoracearum*（DC.）V.P. Heluta。

［发病规律］　病菌以闭囊壳在病残体上越冬。翌年春暖，条件适宜时释放子囊孢子进行初侵染，以后产生分生孢子进行再侵染，借风雨传播。此病发生期长，

图1-4a　金鸡菊白粉病

5~9月均可发生,以8~9月发生较为严重。

图1-4b 金鸡菊白粉病

图1-4c 金鸡菊白粉病(后期病部小黑点)

5.金盏菊白粉病

[分布与为害] 本病分布于全国各地。植株病重时茎、叶表面布满白粉,削弱长势,减少花量,降低观赏价值。

[症状] 叶和茎均可受害。发病初期,叶片上有白色粉状的圆斑。发病重时叶片两面形成面粉样白色粉状霉层,引起叶片变形、扭曲卷缩、黄化枯死;新梢生长停滞甚至矮化,发育不良;茎同样为白色粉状,被害茎干不久枯死(图1-5)。

[病原] 子囊菌门,二孢高氏白粉菌 *Golovinomyces cichoracearum* (DC.) V. P. Heluta和蓼白粉菌 *Erysipela polygoni* DC.。

图1-5 金盏菊白粉病

[发病规律] 病菌以闭囊壳或菌丝体在被害叶、茎的病组织中越冬。在温暖的南方,分生孢子也可越冬。翌年春季,温度回升,条件适宜时释放子囊孢子,完成初侵染。再侵染主要是分生孢子通过气流传播,其次是雨水的溅散;条件适宜时潜育期缩短,可以产生大量的分生孢子进行频繁的再侵染,在温度20~24℃时发病重。

6.地被菊白粉病

[分布与为害] 本病分布于全国各地。该病会使植株生长不良,叶片枯死,甚至不开花,严重影响绿化、美化效果和花卉生产。

[症状] 病菌主要为害叶片。发病初期叶片出现淡黄色小斑点,逐渐扩大连接成片,病叶上布满白色粉状物(图1-6),为病菌

图1-6 地被菊白粉病

的菌丝体和分生孢子。发病重时,引起叶片扭曲变形、枯黄脱落;同时植株矮化,发育不良。

[病原] 子囊菌门,二孢高氏白粉菌 *Golovinomyces cichoracearum*(DC.）V.P. Heluta。

[发病规律] 在北方地区,病菌以闭囊壳随病残体留在土表越冬。翌年释放出子囊孢子进行初侵染,田间发病后,病部菌丝上又产生分生孢子进行再侵染。在南方地区或北方棚室,病菌以菌丝体在寄主上越冬,条件适宜时产生分生孢子借气流传播;有时孢子萌发产生的侵染丝,直接侵入寄主表皮细胞,在表皮细胞内形成吸器,吸收营养。菌丝体多匍匐在寄主表面,多处长出附着器,晚秋形成闭囊壳或以菌丝在寄主上越冬。春秋冷凉,湿度大时易发病。

7.八仙花白粉病

[分布与为害] 本病分布于寄主栽植区。植株病重时叶片表面布满白粉,引起叶片腐烂脱落,降低观赏价值。

[症状] 病菌主要为害叶片。发病初期,叶片表面出现零星白色粉状小斑块(图1-7a),随着病害的发展,叶片布满白粉。幼叶严重受害时,生长停止;老叶受害后,叶色变浅,逐渐枯死(图1-7b)。嫩茎有时也可受害。

[病原] 子囊菌门,蓼白粉菌 *Erysiphe polygoni* DC.。

[发病规律] 病菌在病株残体上越冬。翌年借风雨传播,侵染为害。温度高、湿度大时,发病重。另外,温室内盆花摆放密度过大,通风透光不良,施氮肥过多,都有利于此病发生。

图1-7a 八仙花白粉病

图1-7b 八仙花白粉病

8.芍药白粉病

[分布与为害] 本病分布于寄主栽植区。植株病重时叶片表面布满白粉,削弱长势,降低观赏价值,并影响翌年开花。

[症状] 发病初期在叶面产生白色、近圆形的粉状霉斑,病斑向四周蔓延,连接成边

缘不整齐的大片粉状霉斑；其上布满白色至灰白色粉状物，即病菌分生孢子梗和分生孢子。最后全叶布满白粉，叶片枯干，后期白色霉层上产生多个小黑点，即病菌闭囊壳。中老熟叶片易发病（图1-8a、图1-8b、图1-8c）。

图1-8a　芍药白粉病

图1-8b　芍药白粉病

［病原］　子囊菌门，芍药单囊壳菌 Sphaerotheca paeoniae C. Y. Chao。

［发病规律］　病菌主要以菌丝体和闭囊壳在田间病残体上越冬。翌年释放子囊孢子引起初侵染。病斑上产生的分生孢子靠气流传播，不断重复再侵染。虽然凉爽或温暖干旱的气候条件最为有利于白粉病发生，但空气相对湿度低、植物表面不存在水膜时，分生孢子仍可以萌发侵入为害。土壤干旱、灌水过量、氮肥过多、枝叶生长过密以及通风透光不良等，均有利于发病。

图1-8c　芍药白粉病

9.枸杞白粉病

［分布与为害］　本病分布于寄主栽植区。植株病重时叶片表面布满白粉，枝叶黄枯，降低观赏价值和经济价值。

［症状］　病菌主要为害叶片和嫩梢。叶片被害，叶两面生近圆形白粉状霉斑，后逐渐扩大至整个叶片，被白粉覆盖，叶片皱缩，甚至变黄（图1-9a、图1-9b、图1-9c）。叶柄、嫩梢被害时亦生白色霉层，严重时新叶卷缩，不能伸展。9月下旬后，白粉层中生出许多褐色至黑褐色小点，即为病原菌的闭囊壳。

［病原］　有性阶段为子囊菌门，节丝壳属，穆氏节丝壳 Arthrocladiella mougeotii var. Mougeofii 与 Arthrocladiella. mougeotii var.

图1-9a　枸杞白粉病

Polysporae;无性阶段为无性态真菌,粉孢属*Oidium* sp.。

[发病规律]　病菌在北方以闭囊壳随病残体在地面越冬,翌年释放出子囊孢子进行初侵染;在南方以菌丝体(有时产生闭囊壳)在寄主上越冬。发病后,病部产生分生孢子,通过风雨传播,多次进行再侵染。在温湿度适宜的条件下,分生孢子萌发产生侵染丝,直接自寄生表皮细胞侵入,并在表皮细胞里生出吸器,吸收营养;菌丝体则以附着器匍匐于寄主表面,不断扩展蔓延。阴暗郁闭、通风透光不良时发病重。

图1-9b　枸杞白粉病

图1-9c　枸杞白粉病

10.九里香白粉病

[分布与为害]　本病分布于南方地区,发生普遍,影响植株生长发育,大大降低观赏价值。

[症状]　病菌主要侵染嫩梢、叶片、叶柄等(图1-10a、图1-10b、图1-10c)。发病初期,叶片上产生褪绿斑点,出现白色的小粉斑,并逐渐扩大为圆形或不规则形的粉霉斑,严重时叶片底面布满白粉。早春,嫩芽染病时展

图1-10a　九里香白粉病

开的叶片两面常布满白粉层,叶片皱缩反卷,扭曲畸形;随后叶片、叶柄脱落,造成枯梢。

图1-10b　九里香白粉病

图1-10c　九里香白粉病

［病原］ 无性态真菌,粉孢属 *Oidium* sp.。

［发病规律］ 病菌以菌丝体在发病植株上越冬。翌年春季,环境条件适宜时菌丝体开始生长蔓延,并产生大量分生孢子,分生孢子借气流传播到幼嫩组织上为害,病菌可重复侵染。温暖干燥季节发病迅速,连续下雨的条件不利于白粉病的发生;土壤肥沃,高氮低钾,植物组织生长幼嫩,利于病害的发生;栽植密度大、修剪不当、通风透光不良,利于病害发生;管理粗放、长势衰弱时病害发生较重。

11.锦鸡儿白粉病

［分布与为害］ 本病分布于华东、华中、华北、东北、西北等地。植株病重时,叶面布满白粉,皱缩卷曲,影响生长与观赏。

［症状］ 病菌主要为害锦鸡叶片,也为害嫩梢、幼茎。初期病斑为黄色,覆盖灰白色霉斑;扩展后病斑连片呈灰白色霉层;后期叶片扭曲变形(图1-11a、图1-11b),甚至干枯。

［病原］ 有性阶段属于子囊菌门,锦鸡儿叉丝壳菌 *Microsphaera caragana* Magn.;无性阶段属于无性态真菌,粉孢霉 *Oidium* sp.。

图1-11a　锦鸡儿白粉病　　　　　　　图1-11b　锦鸡儿白粉病

［发病规律］ 病菌在病落叶上越冬。由气流、风雨传播,可直接从皮孔侵染为害。每年春秋季节各有1次发病高峰,以秋季为重,引起早期落叶。多雨或湿度大、温度高的气候有利于发病。

12.紫叶小檗白粉病

［分布与为害］ 本病分布于寄主栽植区。植株病重时叶片表面布满白粉,削弱长势,降低观赏价值。

［症状］ 本病主要为害叶片、嫩梢。发病初期,先在受害叶表面产生白粉小圆斑,后逐渐扩大。在嫩叶上,病斑扩展几乎无限,甚至布满整个叶片,严重时还会导致叶片皱缩、纵卷,新梢扭曲、萎缩。在老叶上,病斑发展成有限的近圆形的病斑,白粉层由白色至灰白色,病斑变成黄褐色(图1-12a、图1-12b)。

［病原］ 无性态真菌,粉孢霉 *Oidium* sp.。

［发病规律］ 病菌一般以菌丝体在病组织越冬,病叶、病梢为翌春的初侵染源。病菌

分生孢子萌发温度范围是5~30 ℃,最适温度为20 ℃。发病高峰期出现于4~5月和9~11月。降雨频繁、栽植过密、光照不足、通风不良、低洼潮湿等因素均可加重病害的发生。温湿度适合时,可常年发病。

图1-12a　紫叶小檗白粉病　　　　　　　　图1-12b　紫叶小檗白粉病

13.狭叶十大功劳白粉病

[分布与为害]　本病分布于南方寄主栽植区。植株病重时叶片表面布满白粉,削弱长势,降低观赏价值。

[症状]　本病主要为害叶片、嫩梢,发病部位初期产生白色的小粉斑,逐渐扩大为圆形或不规则的白粉斑(图1-13a),严重时白粉斑相互连接成片(图1-13b)。

图1-13a　狭叶十大功劳白粉病　　　　　　图1-13b　狭叶十大功劳白粉病

[病原]　有性阶段属子囊菌门,多丝叉丝壳 *Microsphaera multappendicis* Z. Y. Zhao&Yu;无性阶段属无性态真菌,亚麻粉孢 *Oidium lini* Skoric。

[发病规律]　病菌以菌丝体随寄主发病叶片越冬。翌年,病菌随芽萌发而开始活动,侵染幼嫩部位,产生新的病菌孢子,借助风力等方式传播。春夏季以5~6月份、秋季以9~10月份发生较多。夜间温度较低(15~16 ℃),相对湿度较高有利于孢子萌发及侵入;白天气温高(23~27 ℃),湿度较低(40%~70%)则有利于孢子的形成及释放。

草坪地被植物上常见的白粉病类型还有八宝景天白粉病(图1-13c)、二月兰白粉病(图1-13d)、红花酢浆草白粉病(图1-13e)、南天竹白粉病(图1-13f)、杜鹃白粉病(图1-13g)等。

图1-13c　八宝景天白粉病　　　图1-13d　二月兰白粉病　　　图1-13e　红花酢浆草白粉病

图1-13f　南天竹白粉病　　　　　　　图1-13g　杜鹃白粉病

[白粉病类防治措施]

(1)消灭越冬病菌,秋冬季节结合修剪,剪除病弱枝。同时,彻底清除枯枝落叶,并集中烧毁,减少初侵染来源。

(2)休眠期喷洒3~5°Bé(波美度)的石硫合剂,消灭病芽中的越冬菌丝或病部的闭囊壳。

(3)加强栽培管理,增施磷钾肥,合理施用氮肥;灌水最好在晴天的上午进行;灌水方式最好采用滴灌或喷灌,不要漫灌。

(4)化学防治。发病初期喷施30%吡唑醚菌酯悬浮剂1000~2000倍液、50%啶酰菌胺水分散粒剂1500~2000倍液、32.5%苯甲·嘧菌酯悬浮剂1500~2000倍液、60%唑醚·代森联水分散粒剂1000~2000倍液。

(5)生物防治。保护利用食菌瓢虫,可防治白粉病。另外,近年来生物农药发展较快,BO-10(150~200倍液)、抗霉菌素120对白粉病也有良好的防效。

(6)种植抗病品种。选用抗病品种是防治白粉病的重要措施之一。

二、锈病类

14. 草坪禾草锈病

[分布与为害] 本病分布于全国各地,普遍发生。为害严重时,会大大降低草坪的使用价值和观赏效果。

[症状] 病菌主要发生在草坪禾草的叶片上,发病重时也侵染草茎。早春叶片一展开即可受侵染。发病初期叶片上下表皮均可出现疱状小点,逐渐扩展形成圆形或长条状的黄褐色病斑(图1-14a)——夏孢子堆,稍隆起。夏孢子堆在寄主表皮下形成,成熟后突破表皮,裸露呈粉堆状,橙黄色。夏孢子堆长约1 mm。冬孢子堆生于叶背,黑褐色、线条状,长1~2 mm,病斑周围叶肉组织失绿变为浅黄色。发病重时叶片变黄、卷曲、干枯,草坪景观被破坏(图1-14b)。

图1-14a 草坪禾草锈病   图1-14b 草坪禾草锈病

[病原] 担子菌门,结缕草柄锈菌 *Puccinia zoysiae* Dietel。

[发病规律] 病菌以菌丝体或夏孢子在病株上越冬。北京地区的细叶结缕草5~6月份叶片上出现褪绿病斑,发病缓慢,9~10月份发病重,草叶枯黄,9月底10月初产生冬孢子堆。广州地区发病较早,3月份发病,4~6月份及秋末发病较重。病菌生长适温为17~22 ℃,空气相对湿度在80%以上有利于侵入。光照不足、土壤板结、土质贫瘠、偏施氮肥的草坪发病重。病残体多的草坪发病重。

15. 地被菊白色锈病

[分布与为害] 本病在全国普遍发生,尤以保护地栽培形式下发生频繁。发病程度与品种有关,严重时会影响切花菊的产量和品质,有时甚至绝产。

[症状] 病菌主要为害叶片,初期在叶片正面出现淡黄色斑点,相应叶背面出现疱状突起(图1-15),由白色变为淡褐色至黄褐色,表皮下即为病菌的冬孢子堆。严重时,叶面病斑多,引起叶片上卷,植株生长逐渐衰弱,甚至枯死。

[病原] 担子菌门,堀氏菊柄锈菌 *Puccinia horiana* Henn.。

[发病规律] 病菌以菌丝在植株芽内越冬。翌春,侵染新长出的幼苗。温暖多雨的

气候有利于发病。菊花品种间抗病性有差
异。该病属低温型病害,冬孢子在温度12~
20 ℃时适于萌发,超过24 ℃时冬孢子很少萌
发,多数菊花栽培地在夏季可以自然消灭,但
在可越夏地区(气候相对凉爽的地区)则可蔓
延成灾。

图1-15　地被菊白色锈病

16.马蔺锈病

［分布与为害］　本病分布于全国各地。
为害严重时,叶面布满孢子堆,叶片干枯。

［症状］　病菌主要为害叶片。夏孢子堆生在叶的两面,大小0.5~1 mm×0.3~0.5 mm,
初埋生在马蔺表皮下,后露出,呈肉桂色。后期在叶两面产生冬孢子堆,大小0.5~2 mm×
0.2~0.6 mm,后外露,呈黑色,边缘有寄主表皮残片(图1-16a、图1-16b)。

图1-16a　马蔺锈病

图1-16b　马蔺锈病

［病原］　担子菌门,鸢尾柄锈菌 *Puccinia iridis* Wallr.。

［发病规律］　在南方,该菌主要以夏孢子越夏,成为该病初侵染源,一年四季辗转传
播蔓延;北方主要以冬孢子在病残体上越冬,翌年条件适宜时产生担子和担孢子。荨麻、
缬草等为转主寄主,由风雨传播。多雨、空气湿度大、栽植密度大、管理粗放等均有利于
发病。

17.萱草锈病

［分布与为害］　本病分布于宁夏、北京、河北、山东、江苏、上海、安徽、浙江、江西、广
东、湖南、湖北、四川等地,为害叶片和花茎,严重时会造成黄枯。

［症状］　叶片上初生淡绿色小斑点,斑点上长出隆起的疱状物,圆形、椭圆形,黄色至
黄褐色,这是病原菌的夏孢子堆(图1-17a)。大多数夏孢子堆显露于叶片背面,少数在叶
片正面。夏孢子成熟后,覆盖夏孢子堆的表皮破裂,逸散出黄色粉末状物,即病原菌的夏
孢子。发病重的叶片变黄枯死(图1-17b)。在生育后期的叶片上,出现另一种黑色椭圆
形疮斑,为冬孢子堆,内藏冬孢子,覆盖冬孢子堆的表皮暂不开裂。发病花茎上也先后产

生夏孢子堆和冬孢子堆,严重时枯萎。

图1-17a　萱草锈病

图1-17b　萱草锈病

[病原]　担子菌门,萱草柄锈菌 *Puccinia hemerocallidis* Thüm.。

[发病规律]　病菌转主寄生,转主寄主是败酱草。病菌以菌丝或冬孢子堆在残存的萱草病组织上越冬。夏孢子通过气流传播,通常于5月上旬开始发病,6~7月份为发病盛期,气温25 ℃左右,相对湿度为85%以上,有利病害发生。种植密集、通风透光差、地势低洼、排水不良时发病重;氮肥施用过多发病重;土质黏重、贫瘠等条件下发病重。品种间抗病性有明显差异,荆州花、高龙花等品种较抗病,土黄花、青节花、红丽花等品种发病较重。

[锈病类防治措施]

(1)清除初侵染源。结合园圃清理及修剪,及时将病枝芽、病叶等集中烧毁,以减少病原。

(2)选择抗病品种。不同的植物品种之间,对锈病的抗性有较大差异,选择抗病品种也是防治锈病的有效措施之一。

(3)选择无菌种苗。如地被菊白色锈病,最好选择无菌组培苗(或扦插苗),或对可能带菌的种苗进行消毒处理。

(4)加强栽培管理,注意通风透光,降低湿度,增施磷钾肥,提高植株的抗病能力。

(5)药剂防治。发病初期可喷洒30%吡唑醚菌酯悬浮剂1000~2000倍液、50%啶酰菌胺水分散粒剂1500~2000倍液、32.5%苯甲·嘧菌酯悬浮剂1500~2000倍液、60%唑醚·代森联水分散粒剂1000~2000倍液,每10天喷洒一次,连喷3~4次。

三、叶斑病类

18.草坪禾草褐斑病

[分布与为害]　本病广泛分布于世界各地,可以侵染所有草坪草(如草地早熟禾、高羊茅、多年生黑麦草、翦股颖、结缕草、野牛草、狗牙根等250余种禾草),以冷季型草坪草受害最重。

[症状]　初期受害叶片或叶鞘常出现梭形、长条形或不规则形病斑,病斑内部呈青灰色水浸状,边缘红褐色,以后病斑变褐色甚至整叶水浸状腐烂。条件适宜时,在被侵染的草坪上形成直径几厘米至几十厘米,甚至1~2 m的枯草圈(图1-18a、图1-18b)。枯草圈常呈"蛙眼"状,清晨有露水或高湿时,有"烟圈"。在病叶鞘、茎基部有初为白色,以后变成黑褐色的菌核形成,易脱落。另外,该病在冷凉的春季和秋季还可以引起黄斑症状(也称为冷季或冬季型褐斑)。褐斑病的症状随草种类型、不同品种组合、不同立地环境和养护管理水平、不同气象条件以及病原菌的不同株系等影响变化较大。

图1-18a　草坪禾草褐斑病　　　　　　图1-18b　草坪禾草褐斑病

[病原]　无性态真菌,立枯丝核菌 *Rhizoctonia solani* J.G. Kühn。

[发病规律]　褐斑病主要是由立枯丝核菌引起的一种真菌病害。丝核菌以菌核或在草坪草残体上的菌丝形式度过不良的环境条件。由于丝核菌是一种寄生能力较弱的菌,所以处于良好生长环境中的草坪草,只能发生轻微的侵染,不会造成严重的损害。只有当草坪草生长在高温条件且生长停止时,才有利于病菌的侵染及病害的发展。丝核菌是土壤习居菌,主要以土壤传播。枯草层较厚的老草坪,菌源量大,发病重。建坪时填入垃圾土、生土,土质黏重,地面不平整,低洼潮湿,排水不良;田间郁蔽,小气候湿度高;偏施氮肥,植株旺长,组织柔嫩;冻害;灌水不当等因素都有利于病害的发生。本病全年都可发生,但以高温高湿多雨炎热的夏季为害最重。

19.三叶草刺盘孢炭疽病

[分布与为害]　本病又称三叶草南方炭疽病,为害三叶草。其常见于我国南方地区,

甘肃较温暖潮湿的天水等地也有发生。一般为害不严重,但条件适宜时也可造成较大为害。

[症状]　病菌主要为害幼苗的茎和成株的茎、叶片、叶柄和根颈,也侵染花序和种子。病株常生叶斑,初期小型,黑色,很快扩展成较大的不规则病斑(图1-19),往往扩至整个小叶。茎部病斑呈长形褐色条斑,中部凹陷。叶柄和幼苗受侵时,初呈水渍状,后纵向发展成褐色条斑。茎基或根颈部受害严重时,可使整株枯死。病斑一般中部色浅,边缘呈深褐色,后期病斑上出现许多具黑刺毛的小黑点,即病原菌的分生孢子盘。

图1-19　三叶草刺盘孢炭疽病

[病原]　无性态真菌,三叶草刺盘孢菌 *Colletotrichum trifolii* Bain。

[发病规律]　病菌以分生孢子盘或菌丝体在病株、病残体或被侵染的野生杂草寄主上越冬。翌年春天,以分生孢子进行初侵染,并由分生孢子借风雨传播。在生长季节多次再侵染,造成病害的蔓延。受侵染的种子是远距离传播的重要途径。种子带菌部位在胚部。高温高湿有利于病害的发生和流行,发病适温度高达28~30 ℃。病原菌可在整个生育期的任何阶段侵染寄主,幼苗和幼嫩组织更易受感染。

20. 鸢尾叶斑病

[分布与为害]　本病分布于各栽植区的花圃、庭院等处,发生普遍。为害严重时引起叶片焦枯。

[症状]　发病初期,病斑微小且带有水渍状边缘,呈"眼斑"状,大小相似;逐渐连片,中心浅灰色,边缘深褐,多发生于叶片上半部(图1-20a、图1-20b)。

[病原]　无性态真菌,交镰孢属 *Alternaria iridicola* (Ell.&EV.) Elliott。

图1-20a　鸢尾叶斑病

图1-20b　鸢尾叶斑病

[发病规律] 植株进入开花期后,病害加重,引起叶片过早死亡。病菌不侵入根状茎和根部,但容易侵入花蕾。病害的发生与降雨有关系。

21.萱草褐斑病

[分布与为害] 本病分布于各栽植区的花圃、庭院等处,发生普遍。为害严重时引起叶片焦枯。

[症状] 发病叶片病斑椭圆形,较细小,长径3~7 mm,宽径1~2 mm,黄褐色,边缘褐色,斑外围具黄色晕圈。通常病斑密布,当病斑互相连合时,常致叶片局部呈褐色焦枯(图1-21a、图1-21b)。

图1-21a 萱草褐斑病　　　　　　　　　图1-21b 萱草褐斑病

[病原] 无性态真菌,主要是尾孢菌 *Cercospora* sp.,其次为大茎点霉 *Macrophoma* sp. 和叶点霉 *Phyllosticta* sp.。

[发病规律] 病菌以菌丝体及其子实体在病部或病残体存活越冬,以分生孢子借风雨传播。温暖多雨的季节易发病。施氮肥过多,也会加重病害的发生。

22.麦冬炭疽病

[分布与为害] 本病分布于全国各地,为麦冬常见病害。为害严重时引起叶片发黄。

[症状] 发病初期叶片上产生枯黄色至褐色圆形小斑点,随着病斑逐渐扩大,病斑发展成半圆形或叶片尖端的不规则状。病斑中央为褪绿白色,边缘淡红色,在淡红色病斑边缘中还有褐色黑线1条。发病后期病斑处组织可能脱落,造成叶片自然边缘的凹形缺陷,整个叶片自患病处至病叶尖端提前褪绿成橘黄色(图1-22a、图1-22b、图1-22c)。

[病原] 无性态真菌,山麦冬炭疽菌 *Colletotrichum liriopes* Damm,P.F.Cannon& Crous。

[发病规律] 病菌以菌丝体或分生孢子盘在病叶上越冬,翌年春后出现分生孢子。

图1-22a 麦冬炭疽病

分生孢子借风雨传播,并使病害迅速扩展蔓延。病菌生长适温25 ℃左右,通过伤口侵染。7~8月间如多风雨时,病害发生严重。植株在偏施氮肥,缺乏磷钾肥以及通风透光不良时发病重。

图1-22b 麦冬炭疽病

图1-22c 麦冬炭疽病

23.玉簪炭疽病

[分布与为害] 本病分布于各栽植区的苗圃、公园、庭园等处。为害严重时,常引起叶片穿孔,影响观赏。

[症状] 本病多发生在叶缘,先出现褪绿小斑点,扩展后病斑半圆形或不规则形,黄褐色,边缘红褐色;病斑常汇合为大斑,向叶片中央蔓延;病斑边缘色较深,其外有黄绿色晕环,潮湿时斑面现小黑点(图1-23a、图1-23b),严重时致叶枯。

图1-23a 玉簪炭疽病

图1-23b 玉簪炭疽病

[病原] 无性态真菌,甜菜刺盘孢 *Colletotrichum omnivorum* de Bary。

[发病规律] 病菌以菌丝体和分生孢子盘在病叶或病残体上越冬。翌年产生分生孢子进行侵染,借雨水溅射传播,从伤口侵入致病。温暖多湿的天气易发病。栽植过密、叶片相互接触摩擦易生伤口,增加感病机会。施氮过多也会加重发病。

24.金鸡菊黑斑病

[分布与为害] 本病分布于寄主栽植区,发生普遍。为害金鸡菊、雏菊等,严重时叶

上病斑连片,由黄变黑,枯缩易落,丧失观赏价值。

[症状] 病害发生在叶片,先从植株下部叶片开始,逐渐向上蔓延。发病初期为大小不等的淡黄色和紫褐色斑,后发展为边缘黑褐色,中心白或灰黑近圆形的不规则形病斑(图1-24a、图1-24b、图1-24c),大小为5~10 mm,后期病斑长出细小黑色小点(即分生孢子器)。发病重时,病斑连片,使整个叶片变黄,后期发黑干枯,病叶卷成筒状而下垂或干枯脱落。

图1-24a 金鸡菊黑斑病

图1-24b 金鸡菊黑斑病

[病原] 无性态真菌,菊壳针孢菌 *Septoria chrysanthemella* Saccardo。

[发病规律] 病菌以菌丝体和分生孢子器在病残体上越冬。翌年春温度适宜时,分生孢子器于降雨后溢出大量的分生孢子,借风雨和昆虫传播为害,部分从伤口侵入,部分从气孔侵入;病害多从幼苗下部叶片开始发生,逐渐向上部叶片蔓延。本病以秋季发病较重。

图1-24c 金鸡菊黑斑病

25.黑心菊黑斑病

[分布与为害] 本病分布于寄主栽植区。为害严重时,往往一片叶上有数个至十几个黑斑,降低商品及观赏价值。

[症状] 该病为害叶片,发生在叶缘或叶面上。发病初期叶片上出现黑色小斑点,扩展后病斑呈近圆形或不规则斑块,直径5~12 mm,病健部交界明显(图1-25a、图1-25b)。潮湿条件下,病斑背面生黑褐色霉层。

[病原] 无性态真菌,一种链格孢菌 *Alternaria* sp.引起。

[发病规律] 病菌在病残体及土壤中越冬。病菌孢子随水流传播。该菌在土壤中可存活多年。雨水多、土壤积水、植株生长不良、地下害虫多等因素均可加重该病的发生。

图1-25a 黑心菊黑斑病　　　　　　　　　图1-25b 黑心菊黑斑病

26.地被菊褐斑病

[分布与为害] 本病又称菊花黑斑病、菊花斑枯病,分布于黑龙江、吉林、辽宁、北京、河北、河南、山东、江苏、安徽、浙江、江西、福建等地。为害严重时,叶片枯黄,全株萎蔫,叶片枯萎、脱落,影响菊花的产量和观赏性。

[症状] 发病初期,病叶出现淡黄色褪绿斑,病斑近圆形,逐渐扩大,变紫褐色或黑褐色。发病后期,病斑近圆形或不规则形,直径可达12 mm,病斑中间部分浅灰色,边缘黑褐色,其上散生细小黑点,为病菌的分生孢子器。一般发病从下部开始,向上发展,严重时全叶变黄干枯(图1-26a、图1-26b)。

[病原] 无性态真菌,菊壳针孢菌 *Septoria chrysanthemella* Saccardo。

图1-26a 地被菊褐斑病　　　　　　　　　图1-26b 地被菊褐斑病

[发病规律] 病菌以菌丝体和分生孢子器在病残体上越冬。翌年分生孢子器吸水产生大量分生孢子借风雨传播。温度在24~28 ℃,雨水较多,种植过密的条件下,该病发生严重。

27. 文殊兰叶斑病

[分布与为害]　本病分布于寄主栽植区。为害严重时,植株矮化,变黄或枯死。

[症状]　病害主要发生在叶片上,病斑初期为褐色小斑点,四周有褪色的晕圈,之后扩大成圆形、椭圆形或不规则形,边缘暗褐色,中部为黄白至灰褐色;后期病斑出现黑色粒状物,即病原菌的分生孢子器。发病重时,病斑连片,叶片萎蔫干枯,植株死亡(图1-27a、图1-27b)。

[病原]　无性态真菌,壳球孢属 *Macrophmina phaseoli*(Maub.) Ashby。

[发病规律]　病菌在病残体上越冬。翌春温度上升,分生孢子器萌动,开始侵染,一般多从伤口侵入为害。植株生长衰弱,温度过高,湿度大,通风不良等因素,有利于病害的发生。

图1-27a　文殊兰叶斑病　　　　　　　　图1-27b　文殊兰叶斑病

28. 万年青红斑病

[分布与为害]　本病分布于寄主栽植区,主要为害百合科的万年青、土麦冬及沿阶草属的植物。为害严重时,叶片灰白焦枯死亡,影响观赏。

[症状]　病害发生在叶片上,病斑圆形或半圆形,初为灰白色,扩展后直径达10~15 mm,有同心圆,中央灰褐色,边缘红褐色,较宽(图1-28a、图1-28b)。正面散生小黑点,即子囊壳。

图1-28a 万年青红斑病

图1-28b 万年青红斑病

[病原] 子囊菌门,亚球壳属 *Sphaerulina rhodeae* P. Henn。

[发病规律] 本病病菌以菌丝体存活于病残株上越冬。翌春温湿度条件适宜时,产生大量的分生孢子,借风力传播。植株衰老,有伤口时有利于感病。

29.八仙花叶斑病

[分布与为害] 本病分布于河南、山东、江苏、上海、安徽、江西、福建、云南等南方地区及北方温室。为害严重时,引起落叶,影响观赏。

[症状] 发病初期在叶片上出现暗绿色、水渍状小点,后期病斑逐渐扩大,直径1~3 mm,最大病斑可达15 mm。后期病斑暗褐色,中心部分灰白色,病斑表面产生黑色小粒点,即分生孢子器(图1-29a、图1-29b)。

图1-29a 八仙花叶斑病

图1-29b 八仙花叶斑病

[病原] 无性态真菌,八仙花叶点霉菌 *Phyllosticta hydrangeae* Ell. et Ev。

[发病规律] 病菌以菌丝或分生孢子盘在被害植株上越冬。翌年春季,温湿度条件适宜时,产生大量分生孢子随风雨传播,侵染叶片。本病在梅雨季节发病重。种植过密,通风不良,植株生长衰弱,均利于病害的发生。

30.蜘蛛兰褐斑病

[分布与为害] 本病又称美丽水鬼蕉褐斑病,南方各地均有发生,有时为害较重。

[症状]　病菌主要为害叶片,病斑初期圆形、卵圆形或梭形,外围有淡黄色晕圈,中部组织死亡呈褐色;随着时间延长,病斑逐渐变为梭形褐色长条大斑,有时几个病斑联合,致使叶片大部分组织枯死(图1-30a、图1-30b)。湿度大时叶斑上生有黑色霉状物,即病菌的分生孢子梗和分生孢子。

[病原]　无性态真菌,炭疽菌属 *Colletotrichum* sp. 和拟盘多毛孢属 *Pestalotiopsis* sp.。

图1-30a　蜘蛛兰褐斑病　　　　　　　　　　图1-30b　蜘蛛兰褐斑病

[发病规律]　病菌以菌丝体和分生孢子在病组织中越冬。分生孢子靠风雨及水滴滴溅传播,多从植物的伤口处侵入。高温多雨季节,降水量大、持续时间长易流行成灾,温暖潮湿的地区病害可全年发生。生长环境阴湿或偏施氮肥时易于发病。

31.八角金盘疮痂型炭疽病

[分布与为害]　本病分布于寄主栽植区。为害八角金盘,一般不重。

[症状]　病菌主要为害叶片、叶脉、叶柄、果柄,叶片更易受到感染。发病叶片的典型症状为正面出现灰白色、疥癣状的病斑,且显露出略微的增厚状。叶片背面则会出现较为明显的疣状突起,病斑中间开裂(图1-31a、图1-31b)。严重时,叶面上会布满灰白色的疮痂。幼叶受害时皱缩、卷曲,最终导

图1-31a　八角金盘疮痂型炭疽病　　　　　　图1-31b　八角金盘疮痂型炭疽病

致叶片枯黄和残缺,甚至提前脱落,严重影响其生长。

[病原] 无性态真菌,刺盘孢属 *Colletotrichum gloeosporioide*。

[发病规律] 病菌以菌丝体在发病组织越冬。翌春温度、湿度等条件适宜时,产生大量分生孢子,随风雨及气流进行传播,由伤口、气孔等侵入植物组织。

32.洒金桃叶珊瑚炭疽病

[分布与为害] 本病分布于寄主栽植区。为害洒金桃叶珊瑚,一般不重。

[症状] 叶片发病,多从叶尖、叶缘开始,病斑不规则形,灰黑色,内部稍陷。病斑边缘黑褐色稍隆起,病健分界明显。后期病斑上着生黑色小点,为病菌的分生孢子盘(图1-32a、图1-32b)。

图1-32a 洒金桃叶珊瑚炭疽病　　　　图1-32b 洒金桃叶珊瑚炭疽病

[病原] 无性态真菌,主要为胶孢炭疽菌 *Colletotrichum gloeosporioides* Penz 与黑线炭疽菌 *Colletotrichum dematium*(pers.)Grove,其次为盘长胞菌 *Gloeosporium frigidium* Sace 等。有性世代大部分为子囊菌小丛壳属 *Glomerella*,但不常见。

[发病规律] 病菌以菌丝体、分生孢子盘在病组织及病残落叶中越冬。翌年春,产生分生孢子,由风雨传播,通过气孔、皮孔或伤口侵入叶片等组织,病菌从侵入到出现症状的潜育期为2~3周,生长季节可反复侵染,病害不断加重。一般3月下旬开始发病,5~6月梅雨季节,9~10月秋雨期间为发病高峰期。夏季高温干旱对病害有抑制作用,种植过密有利于病害的传播侵染蔓延。

土壤干旱、贫瘠、黏重,排水不及时,有利于病害的发生;偏施氮肥,缺乏磷钾肥时,发病重;光照不足,通风不良,栽植过密以及叶片相互摩擦造成伤口,均能加重病害的发生。

33.绣线菊叶斑病

[分布与为害] 本病分布于寄主栽植区。

[症状] 病斑生于叶上,圆形、不规则形,中央灰白色、褐色,边缘暗褐色,具黄色晕圈,常互相汇合,直径1~8 mm;上生小黑点,即分生孢子器(图1-33a、图1-33b)。

[病原] 无性态真菌,绣线菊叶点霉 *Phyllosticta* sp.。

[发病规律] 病菌以分生孢子器在病残体上越冬。植株衰弱,通风透光不良,雨水多时,发病较多。

图1-33a　绣线菊叶斑病　　　　　　　　图1-33b　绣线菊叶斑病

34.杜鹃角斑病

[分布与为害]　本病分布于寄主栽植区。为害杜鹃属植物,发病重时,可造成大量落叶。

[症状]　病菌主要侵染叶片,发病初期,叶片上出现红褐色小斑点,逐渐扩大成圆形或不规则的多角形病斑,黑褐色,直径1~5 mm。后期病斑中央组织变为灰白色,严重时病斑相连成片,导致叶片枯黄、早落。湿度大时,叶斑正面生出许多褐色的小霉点,即病菌的分生孢子和分生孢子梗(图1-34a、图1-34b)。

图1-34a　杜鹃角斑病　　　　　　　　图1-34b　杜鹃角斑病

[病原]　无性态真菌,杜鹃尾孢菌 *Cercospora rhododendri* Guba.。

[发病规律]　病菌以菌丝体在病叶及病残体上越冬。翌年春天,当气温适宜时形成分生孢子,借风雨等传播;孢子遇到水滴便产生芽管,直接侵入叶片组织,或自伤口处侵入。高温多雨季节发病重;雨雾多、露水重有利于孢子的扩散和侵染,因而发病重;温室中栽培的杜鹃可常年发病。土壤黏重、通风透光性差、植株缺铁黄化时,有利于病害的发生。

35.茶梅炭疽病

[分布与为害]　本病分布于寄主栽植区,地栽与盆栽情况下均可受害。为害严重时,叶片具有大量病斑,降低观赏价值。

［症状］　病菌主要为害叶片,多发生于成熟叶片,嫩叶上少有发生。从叶缘或叶尖开始发病,亦有从其他部位开始发病的。发病初期为水渍状深绿色的近圆形斑点,后扩大为不规则的病斑。病斑中部呈现灰白色,边缘颜色较深,为黄褐色,且边缘稍有隆起,病斑上散生很多小黑点(图1-35a、图1-35b)。

［病原］　无性阶段为无性态真菌,盘长孢刺盘孢 *Colletotrichum gloeosporioides*(Penz.) Penz. & Sacc.;有性阶段为围小丛壳菌 *Glomerella cingulata*(Stonem.) Spauld. & Schrenk,属子囊菌门。

［发病规律］　病菌以菌丝体或分生孢子盘潜伏在病叶内,或随病落叶进入土壤中的病残体上越冬。翌年待气温、湿度适宜时产生分生孢子,借风雨传播,形成初侵染,条件适宜时可进行反复侵染。昆虫有时也可传播。高温、多雨、土地瘠薄或黏重、氮肥过多时发病重。此外,茶梅调运也可进行远距离传播,北方棚室内也常发生。

图1-35a　茶梅炭疽病

图1-35b　茶梅炭疽病

36.玫瑰褐斑病

［分布与为害］　本病分布于寄主栽植区。为害严重时叶片病斑累累,早期脱落。

［症状］　病菌主要为害叶片,叶上病斑散生,圆形或近圆形至不规则形,大小1~4 mm,边缘紫褐色至红褐色,中间浅褐色或黄褐色至灰色;后期叶面产生黑色小霉点,即病原菌分生孢子梗和分生孢子。严重时,病斑常融合成不规则形大斑,叶背颜色略浅(图1-36a、图1-36b、图1-36c)。

图1-36a　玫瑰褐斑病

图1-36b　玫瑰褐斑病

[病原] 无性阶段为无性态真菌,蔷薇生尾孢菌 *Cercospora rosicola* Pass;有性阶段为子囊菌门,蔷薇生球腔菌 *Mycosphaerella rosicola* Davis。

[发病规律] 病菌以菌丝体在病部或病残体上越冬。翌年5月,条件适宜时产生分生孢子借风雨传播进行初侵染和再侵染;6~9月高温潮湿或雨日多、雨量大时易发病;10月后病害停滞。

图1-36c 玫瑰褐斑病

37.棣棠褐斑病

[分布与为害] 本病分布于寄主栽植区,常常引起叶片枯萎脱落,影响树生长与观赏。

[症状] 病菌主要为害叶片,病斑多发生在叶缘处及近主脉处。发病后期病斑近圆形至不规则形,病斑中央灰白色,边缘褐色(图1-37a、图1-37b),其上着生许多黑色小点粒。

图1-37a 棣棠褐斑病

图1-37b 棣棠褐斑病

[病原] 无性态真菌,叶点霉属 *Phyllosticta* sp.。

[发病规律] 本病病菌在病落叶上越冬,由风雨及水滴滴溅传播。高温多雨年份,尤其是秋季多雨时发病早而且严重。

38.金叶女贞叶斑病

[分布与为害] 本病分布于寄主栽植区。为害严重时,可导致叶面病斑累累,造成大量落叶,影响长势,降低观赏价值。

[症状] 病害多发生于叶片上,枝条上也有发生。病斑在叶片上形成近圆形斑,直径2~4 mm,周围具一圈紫黑色晕圈,病斑内淡褐色。发病初期病斑为淡褐色,有的为紫褐色,逐渐在中央形成轮廓明显的病斑,颜色渐变淡褐色或灰白色,后期产生黑色小颗

粒。初期病斑较小,扩展后病斑直径1 cm以上,有时融合成不规则形。发病叶片极易从枝条上脱落,从而造成严重发病区域枝杆光秃的现象(图1-38a、图1-38b)。

图1-38a 金叶女贞叶斑病

图1-38b 金叶女贞叶斑病

［病原］ 无性态真菌,蔓荆子棒孢 *Corynespora viticis* Guo。

［发病规律］ 病菌以菌丝体在土表病残体上越冬。分生孢子通过气流或枝叶接触传播,从伤口、气孔或直接侵入寄主。高温多雨季节发病重;上年发病较重的区域,下年一般发病也较重。连作、密植、通风不良、湿度过高均有利于病害的发生。

39.金森女贞叶斑病

［分布与为害］ 本病分布于寄主栽植区。为害严重时叶片病斑较多,影响观赏价值。

［症状］ 病菌主要为害叶片。春梢叶片易病斑大发生,分布于叶片主脉两侧,病斑为圆形至近圆形或不规则形、多角形,褐色(图1-39a、图1-39b、图1-39c);后期病斑中央变成灰褐色,边缘深褐色,下表皮着生暗灰色的霉层,即病原菌的分生孢子和分生孢子梗。

图1-39a 金森女贞叶斑病

发病重时病斑正面也有少量霉层,病斑相互连接成大斑块,呈灰褐色斑枯。

［病原］ 无性态真菌,尾孢属 *Cercospora* sp.。

［发病规律］ 病原菌以菌丝体在土表病残体上越冬。在遇到适宜的温湿度条件时产生分生孢子,借风、水及园林操作从伤口、气孔或直接侵入寄主传播。病害潜育期10~20天,在温度合适且湿度大的情况下,孢子几小时即可萌发。植株栽植密,通风透光差,高湿、高温的环境对病菌孢子的萌发和侵入非常有利,从而使病害大发生。

图1-39b　金森女贞叶斑病　　　　　　　　　图1-39c　金森女贞叶斑病

40.南天竹红斑病

[分布与为害]　本病分布于寄主栽植区。为害严重时叶片病斑较多,影响观赏价值。

[症状]　病害多从叶尖或叶缘开始发生,初为褐色小点,后逐渐扩大成半圆形或楔形病斑,直径2~5 mm,褐色至深褐色,略呈放射状。后期在病簇生灰绿色至深绿色煤污状的块状物,即分生孢子梗及分生孢子。发病重时,常引起提早落叶(图1-40a、图1-40b)。

图1-40a　南天竹红斑病　　　　　　　　　图1-40b　南天竹红斑病

[病原]　无性态真菌,天竹尾孢 *Cercospora nandinae* Nagato-mo.。

[发病规律]　病菌以菌丝或子实体在病叶上越冬,翌年春季产生分生孢子,借风雨传播,侵染发病。

与其类似的病害还有常春藤炭疽病(图1-40c)、鼠尾草叶斑病(图1-40d)、荷包牡丹叶斑病(图1-40e)、扶芳藤褐斑病(图1-40f)等。

[叶斑病类防治措施]

(1)清除侵染来源。随时清扫落叶,摘去病叶,以减少侵染来源。休眠期喷施3~5°Bé的石硫合剂。

(2)加强栽培管理。合理施肥,肥水宜充足;夏季干旱时,要及时浇灌;在排水良好的土壤上建造苗圃;种植密度要适宜,以便通风透光,降低叶面湿度;及时清除田间杂草。

(3)药剂防治。注意发病初期及时用药。可选用下列药剂:70%代森联悬浮剂800~1000倍液、30%吡唑醚菌酯悬浮剂1000~2000倍液、32.5%苯甲·嘧菌酯悬浮剂1500~2000

倍液、60%唑醚·代森联水分散粒剂1000~2000倍液。

（4）选用抗病品种。

图1-40c 常春藤炭疽病

图1-40d 鼠尾草叶斑病

图1-40e 荷包牡丹叶斑病

图1-40f 扶芳藤褐斑病

四、腐霉病、黏霉病类

41.草坪禾草腐霉枯萎病

［分布与为害］ 绝大多数草坪都会受到该病为害，特别是冷季型草坪受害更重。该病破坏性很大，在适宜条件下，能在数天内大发生，使草坪毁坏。

［症状］ 幼苗与成株均可受害。种子萌发和出土时受害出现芽腐、苗腐和幼苗猝倒。发病轻的幼苗叶片变黄，稍矮，此后症状可能消失。成株期根部受侵染，产生褐色腐烂斑块，根系发育不良，病株发育迟缓，分蘖减少，底部叶片变黄，草坪稀疏。在高温高湿条件下，草坪受害常导致根部、根茎部和茎、叶变褐腐烂，草坪上出现直径2~5 cm的圆形黄褐色枯草斑，凌晨或树荫下的草叶上会发现白色至灰白色棉状菌丝（图1-41a、图1-41b、图1-41c）。

图1-41a　草坪禾草腐霉枯萎病

图1-41b　草坪禾草腐霉枯萎病

［病原］　卵菌门，引起该病的病原菌有多种，常见的有瓜果腐霉 *Pythium aphanidermatum* (Edson) Fitzpatrick、禾生腐霉 *Pythium graminicola* Subramanian、终极腐霉 *Globisporangium ultimum* （Trow） Uzuhashi, Tojo & Kakish. 等十几种。

［发病规律］　腐霉菌为土壤习居菌，在土壤及病残体中可存活5年以上。土壤和腐残体中的菌丝体及卵孢子是最重要的初侵染菌源。低洼积水、土壤贫瘠、有机质含量低、

图1-41c　草坪禾草腐霉枯萎病

通气性差、缺磷、氮肥施用过量时发病重。此菌既能在冷湿环境中侵染为害，如有些种类甚至在土壤温度低至15 ℃时仍能侵染禾草，导致根尖大量坏死，也能在天气炎热、潮湿时猖獗流行，条件适合时，可在一夜之间毁坏大片草坪。

［防治措施］

(1)及时清除病残体。

(2)选择抗病品种,选留无病种子作为繁殖种子,播种前应进行种子消毒。

(3)加强栽培管理。采用科学浇水方法,避免大水漫灌。注意平衡施肥,避免施用过量氮肥,应增施磷肥和有机肥。注意通风透气,控制温湿度。

(4)药剂防治。可选用以下药剂:70%氟醚菌酰胺水分散粒剂3000~4000倍液、70%代森联悬浮剂800~1000倍液、30%吡唑醚菌酯悬浮剂1000~2000倍液、32.5%苯甲·嘧菌酯悬浮剂1500~2000倍液、60%唑醚·代森联水分散粒剂1000~2000倍液。

42.草坪禾草(地被)黏霉病

［分布与为害］　本病分布于草坪(地被)栽植区,可在多年生早熟禾、高羊茅、紫羊茅、剪股颖、山麦冬等草坪草(地被植物)上出现。尽管本病为害不大,但草坪突然出现白色、灰白色、紫色或褐色的斑块,会给人们心理造成很大惊慌。

［症状］　在草坪(地被)冠层上,突然出现环形至不规则形状,直径为2~60 cm的白

色、灰白色或紫褐色犹如泡沫的斑块(图1-42a、图1-42b、图1-42c)。大量繁殖的黏菌(介于真菌与原生动物之间的一类真核生物)虽不寄生草坪草,但由于遮盖了草株叶片,使其因不能进行充分的光合作用而瘦弱,叶片变黄,易被其他致病真菌感染。这种症状一般1~2周即可消失。通常情况下,这些黏菌每年都在同一位置上重复发生。

［病原］ 黏菌类 *Mucilago crustacea*、*Mucilago spongiosa*、*Physarum* spp.、*Fuliao* spp.。

［发病规律］ 病菌可形成充满大量深色孢子的孢子囊。孢子借风、水、机械、人或动物传播扩散。沉积在土壤或植物残体上的孢子,以休眠状态存活,直到出现有利的条件才萌发。在从春末到秋季的潮湿条件下,孢子裂开释放出游动孢子。游动孢子单核,没有细胞壁,最终形成无定形的,黏糊糊的变形体。凉爽潮湿的天气有利于游动孢子的释放,而温暖潮湿的天气有利于变形体向草的叶鞘和叶片移动。丰富的土壤有机质有利于黏霉病害的发生。

图1-42a 草坪禾草黏霉病

图1-42b 草坪禾草黏霉病

图1-42c 山麦冬黏霉病

［防治措施］ 本病一般不需要防治,可用水冲洗叶片或修剪的方法解决。发病严重时,也可采用防治草坪禾草腐霉枯萎病的药剂进行防治。

五、细菌、病毒等其他病害

43. 鸢尾细菌性软腐病

［分布与为害］ 本病分布于山东、江苏、上海、安徽、浙江等地。为鸢尾常见病害,常造成球根腐烂。

［症状］ 球根类鸢尾发病时,病株根颈部位发生水渍状软腐,球根糊状腐败,发生恶臭,随着地下部分病害发展,地上新叶前端发黄,不久外侧叶片也发黄,地上部分容易拔起,全株枯黄;其他类别的鸢尾发病时,从地下茎扩展到叶和根茎,叶片开始水渍状软腐,

污白色到暗绿色立枯,地上部分植株容易拔起,根颈软腐,有恶臭。球根种植前发病时,像冻伤水渍状斑点,下部变茶褐色,恶臭,具污白色黏液;发病轻的球根种植后,叶先端具水渍状褐色病斑,展叶停止,不久全叶变黄枯死(图1-43),整个球根腐烂。

图1-43　鸢尾细菌性软腐病

[病原]　病原为细菌,已知有2种,即胡萝卜软腐欧文氏菌胡萝卜致病变种 *Erwinia carotovora* pv. Carotovora(Jones)Berge 和海芋欧文氏菌 *Erwinia aroideae* (Townsend) Holl.。

[发病规律]　病菌在土壤和病残组织中越冬,在土壤中可存活数月,在土壤中的病株残体内可长年存活。病菌靠水流、昆虫及病健叶接触或操作工具等传播,从虫伤口、分株伤口、移植时损伤及其他伤口侵入,尤其是钻心虫造成的幼叶伤口及分根移栽造成的伤口,都为细菌的侵入提供了方便。该病在自然条件下6~9月发生。当温度高、湿度大,尤其是土壤潮湿时发病重;球茎种植过密、绿荫覆盖度大的地方易发病;连作时发病重。德国鸢尾、奥地利鸢尾发病普遍。

[防治措施]

(1)及时拔除病株并烧毁。

(2)加强栽培管理。要施用充分腐熟的肥料,并增施钾肥;高温高湿时要注意通风降温除湿;光照较强时,应注意遮阴,防止叶片灼伤。

(3)发病初期可用400~600倍链霉素或土霉素喷雾或灌根进行防治。

44.鸢尾花叶病

[分布与为害]　本病在世界各地均有发生,国内种植的鸢尾很多来自荷兰,普遍发生花叶病。除影响种球生长外,为害性并不严重。

[症状]　典型受害的叶、花产生褪色(黄色)杂斑和条纹,有的品种在灰绿色叶上出现蓝绿色斑块。受害严重时,可使花和鳞茎产量减少。有些鸢尾品种感染病毒后症状并不严重,但西班牙鸢尾发生本病较为普遍,而且会形成严重褪绿症状,花瓣呈脱色现象,重者甚至花蕾不能开放。德国鸢尾感病后尽管植株矮化、花小,但一般不重。球根鸢尾受害后,则产生严重花叶表现,甚至芽鞘地下白色部分也具有明显浅紫色病斑或浅黄色条纹(图1-44a、图1-44b、图1-44c)。

图1-44a　鸢尾花叶病

图1-44b 鸢尾花叶病

图1-44c 鸢尾花叶病

[病原] 鸢尾花叶病毒Iris mosaic virus（IMV）。

[发病规律] 病株汁液能传毒,许多蚜虫如豆卫矛蚜、棉蚜、桃蚜、马铃薯蚜等是传毒介体。鸢尾花叶病毒除为害很多鸢尾科植物,如德国鸢尾、矮鸢尾、网状鸢尾外,还能为害唐菖蒲以及其他一些野生植物。

与其类似的病害还有松果菊花叶病（图1-44d、图1-44e）等。

图1-44d 松果菊花叶病

图1-44e 松果菊花叶病

[防治措施]

（1）及时拔除病株并烧毁,以减少浸染源。

（2）选育耐病或抗病毒的品种,栽培健康种球。

（3）生长季节及时防除蚜虫,可选用10%吡虫啉可湿性粉剂1000~2000倍液进行喷雾防治。

（4）发病初期,采用0.5%抗毒剂1号600倍液、2%宁南霉素200~300倍液、4%博联生物菌素200~300倍液（日落前2小时）,植物病毒疫苗600倍液喷雾。

45.中国菟丝子

[分布与为害] 中国菟丝子在全国各地都有分布,主要为害荷兰菊、地被菊、茼蒿菊（图1-45a）、三叶草（图1-45b）等植物。

图1-45a　中国菟丝子为害茼蒿菊状　　　　　图1-45b　中国菟丝子为害三叶草状

[症状]　中国菟丝子以藤蔓状茎缠绕在寄主植物的茎部,并以吸器伸入寄主植物茎秆内部,与其导管和筛管相连结,吸取全部养分,因而导致被害花木发育不良,生长受阻碍。病株通常表现为生长矮小和黄化,甚至植株枯萎死亡。

[病原]　中国菟丝子 *Cuscuta chinensis* Lam.,又称无根藤、金丝藤,属于菟丝子科菟丝子属。一年生全寄生草本,茎丝线状,橙黄色,叶退化成鳞片。花簇生,外有膜质苞片;花萼杯状,5裂;花冠白色,长为花弯2倍,顶端5裂,裂片常向外反曲;雄蕊5,花丝短,与花冠裂片互生;鳞片5,近长圆形;子房2室,每室有胚珠2颗,花柱2,头状。果实蒴果近球形,成熟时被花冠全部包围。种子淡褐色。花果期7~10月,以种子繁殖。

[发病规律]　中国菟丝子以成熟的种子落入土中,或混在草本花卉的种子中,休眠越冬。翌年夏初开始萌发,成为侵染源。种子萌发时种胚根伸入土中,根端呈圆棒状,不分枝,表面有许多短细的红毛,似一般植物的根毛;另一端胚芽顶出土面,形成丝状的幼茎,生长很快,每天伸长1~2 cm,在与寄主建立寄生关系之前不分枝。茎伸长后尖端3~4 cm的一段带有显著的绿色,具有明显的趋光性。迅速伸长的幼茎在空中来回旋转,当碰到寄主植物时便缠绕到茎上,在与寄主接触处形成吸根。吸根伸入寄主维管束中,吸取养料和水分。茎继续伸长,茎尖与寄主接触处再次形成吸根。茎不断分枝伸长缠绕寄主,并向四周迅速蔓延扩展为害。当幼茎与寄主建立关系后,下面的茎逐渐湿腐或干枯萎缩,与土壤分离。

菟丝子的结实力强,每棵能产生种子2500~3000粒。种子生活力强,寿命可保持数年之久。在未经腐熟的肥料中仍有萌发力,故肥料也是侵染来源之一。种子成熟后也可随风吹到远处。

[防治措施]

(1)加强检疫。菟丝子种源可能是来自商品种苗圃地中,在购买种苗时必须到苗圃去实地察看,以免将检疫对象带入。另一个常见发生地点是在老苗圃(如历年种植地被菊等植物的地块),也应注意防止将菟丝子带入。

(2)减少侵染来源。菟丝子种子一是落入土中,二是混杂在寄主植物的种子中。因此,要进行冬季深翻,使种子深埋土中不易萌发至地面而死亡;再就是播种时注意选种,以剔除菟丝子种子。

(3)人工处理。春季发现少量菟丝子发芽时,即行拔除;秋季菟丝子开花未结子前,摘除所有花朵,杜绝翌年再发生。

(4)对那些每年都要反复发生,而且有大量菟丝子休眠种子的地块,可以改种狗牙根,利用植物间的生化他感效应来控制菟丝子的为害。

(5)生物防治。发生初期,可喷洒"鲁保一号"防治,用量为4 g/m²。为提高防治效果,可在喷药前剪断菟丝子的攀缘茎,造成伤口。

(6)药剂防治。采用菟丝子专用除草剂防治,即在菟丝子开花前,于缠绕处仔细喷洒48%菟丝灵可湿性粉剂,喷湿为止,菟丝子会很快枯萎死亡。

六、生理性病害

46.缺铁性黄化病

[分布与为害] 本病分布于河北、山东、河南、江苏、安徽等地。八仙花、石灰灯绣球、绣线菊等植物都可发生此病。

[症状] 病株首先在小枝顶端嫩叶褪绿,从叶缘向中心发展,叶肉变黄色或浅黄色,但叶脉仍呈绿色,扩展后全叶发黄,进而变白,成为白叶。严重时叶片边缘变褐坏死,顶部叶片干枯脱落,植株逐年衰弱,最后死亡(图1-46a、图1-46b、图1-46c、图1-46d)。

[病原] 生理性病害,因缺乏铁元素所致。

[发病规律] 园林植物缺铁,主要有以下几个原因:①土壤pH值偏高,在这种碱性土里游离的二价铁离子易被氧化成三价铁离子而不能被根系吸收利用。②管理不当,偏施化学氮肥造成微量元素比例失调,会引起土壤板结通透性不良,影响根系对铁的吸收。尤其在土壤长久干旱时,表层土壤含盐量增加,也会影响根系对铁的吸收。③园林立地条件差,导致根系发育不良,在建植时树穴挖得过浅,土层板结度太高,也会使铁的吸收受到影响。

图1-46a 八仙花缺铁性黄化病

图1-46b 石灰灯绣球缺铁性黄化病

图1-46c 杜鹃缺铁性黄化病

图1-46d 绣线菊缺铁性黄化病

[防治措施]

(1)选择排水良好、疏松、肥沃的酸性土栽植,多施腐熟的有机肥。

(2)加强栽培管理。在偏碱性土壤栽植易发生黄化症状的植物时,最好是对土壤进行调酸处理,将园土调至中性或微酸性,改变局部土壤酸碱度。在干旱发生时,及时灌水。

(3)发病初期,可用0.1%~0.2%的硫酸亚铁溶液喷洒叶片,或浇灌0.2%的硫酸亚铁溶液,或土壤中施入铁的螯合物水溶液,通常直径20 cm的花盆可用0.2 g。药剂治疗黄化病,应在病害初期进行,否则效果较差。叶片转绿时,即可停止用药。

47.药害

[分布与为害] 药害在各地均可发生,可为害各种草坪与地被植物。

[症状] 药害有急性药害和慢性药害之分。急性药害指的是用药几天或几小时内,叶片很快出现斑点、失绿、黄化,果实变褐,表面出现药斑(图1-47a、图1-47b、图1-47c);重则出现大量落叶、落果,甚至全株萎蔫死亡;根系发育不良或形成黑根、鸡爪根等。慢性药害是指用药后,药害现象出现相对缓慢,如植株矮化、生长发育受阻、开花结果延迟等。

[病原] 生理性病害,使用农药不当所致。

[发病规律] 园林植物发生药害,主要有以下几种情况:①药剂种类选择不当。如波尔多液含铜离子浓度较高,多用于木本植物,草本花卉由于组织幼嫩,易产生药害。石硫合剂防治白粉病效果颇佳,但由于其具有腐蚀性及强碱性,用于荷兰菊等

图1-47a 八仙花药害

草本花卉时易产生药害。②在花卉敏感期用药。各种花卉的开花期是对农药最敏感的时期之一,用药宜慎重。③高温、雾重及相对湿度较高时易产生药害。温度高时,植物吸收药剂及蒸腾较快,使药剂很快在叶尖、叶缘集中过多而产生药害;雾重、湿度大时,药滴分布不均匀也易出现药害。④浓度高、用量大。为克服病虫害之抗性等原因而随意加大浓度、用量,易产生药害。

[防治措施]

防止药害,除针对上述原因采取相应措施预防发生外,对于已经出现药害的植株,可采用下列方法处理。

(1)根据用药方式如根施或叶喷的不同,分别采用清水冲根或叶面淋洗的办法,去除残留毒物。

(2)加强肥水管理,使之尽快恢复健康,消除或减轻药害造成的影响。

图1-47b 鸢尾药害

图1-47c 地被月季药害

第二章　草坪地被植物常见害虫

一、食叶害虫

1.斜纹夜蛾

斜纹夜蛾 *Spodoptera litura*（Fabricius，1775），又名斜纹贪夜蛾、莲纹夜蛾、斜纹夜盗蛾、乌头虫、花头虫、黑头虫，属鳞翅目夜蛾科。

[分布与为害]　该虫分布于东北、华北、华中、华西、西南等地，尤以长江流域和黄河流域各省为害严重，有的地区呈间歇性的大发生。该虫食性杂，以幼虫取食叶片、花蕾及花瓣。近年来，其对三叶草（图2-1a）为害特别严重。

[识别特征]　①成虫：体长14~20 mm。胸腹部深褐色，胸部背面有白色毛丛。前翅黄褐色，多斑纹，内外横线间从前缘伸向后缘有3条白色斜线，故名斜纹夜蛾（图2-1b）。后翅白色。②卵：半球形，卵壳上有网状花纹，卵为块状（图2-1c）。③幼虫：一般为6龄，发生密度小时颜色浅（图2-1d），反之则颜色深。老熟幼虫体长38~51 mm。头部淡褐色至黑褐色；胸腹部颜色多变，一般为黑褐色至暗绿色，背线及亚背线灰黄色，在亚背线上，每节有1对黑褐色半月形的斑纹。

图2-1a　斜纹夜蛾为害三叶草状

图2-1b　斜纹夜蛾成虫

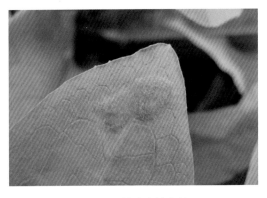

图2-1c　斜纹夜蛾卵块

图2-1d　斜纹夜蛾幼虫

[生活习性]　发生代数因地而异,华中、华东一带,1年发生5~7代,以蛹在土中越冬。翌年3月羽化,成虫对糖、酒、醋等发酵物有很强的趋性。卵产于叶背。初孵幼虫有群集习性,2~3龄时分散为害,4龄后进入暴食期。幼虫有假死性,3龄以后表现更为显著。幼虫白天栖居阴暗处,傍晚出来取食,老熟后即入土化蛹。此虫世代重叠明显,每年7~10月为盛发期。该虫为间歇性大发生的害虫,属喜温性害虫,发育适宜温度为28~30 ℃,不耐低温,长时间在0 ℃以下基本不能存活。当食料不足或不当时,幼虫可成群迁移至附近地块为害,故又有"行军虫"的俗称。

2.淡剑袭夜蛾

淡剑袭夜蛾*Spodoptera depravata*(Butler,1879),又名淡剑贪夜蛾、淡剑夜蛾、小灰夜蛾,属鳞翅目夜蛾科。

[分布与为害]　该虫分布于吉林、辽宁、陕西、河北、山东、江苏、安徽、上海、浙江、江西、湖北、广西等地。其主要为害草地早熟禾、高羊茅、黑麦草等禾本科冷季型草坪,是草坪的主要害虫之一。

[识别特征]　①成虫:体长11~14 mm,翅展24~28 mm。体淡灰色。前翅灰褐色,翅面具1块近梯形的暗褐色区域。后翅淡灰褐色(图2-2a)。②卵:半球形,长0.3~0.5 mm,初产时淡绿色,后逐渐变为灰褐色。③幼虫:老熟幼虫体圆筒形,体长约15 mm,绿色。头部椭圆形,浅褐色,沿蜕裂线具黑色"八"字纹(图2-2b)。④蛹:长约13 mm,初为绿色,后变为红褐色。

[生活习性]　1年发生4代左右,世代重叠,以老熟幼虫或蛹在浅土层中越冬。翌年4月成虫羽化,成虫交尾后将卵产于寄主叶片背面,卵块条形,上面覆盖有灰黄色绒毛。初孵幼虫群集为害,2龄后分散为害。幼虫白天潜伏,晚上取食叶片和根茎,造成斑秃,发生严重时造成整片草坪枯死。7月至9月是为害高峰期,10月下旬后陆续越冬。

图2-2a　淡剑袭夜蛾成虫

图2-2b　淡剑袭夜蛾幼虫

3.草地贪夜蛾

草地贪夜蛾 *Spodoptera frugiperda* J.E. Smith，1797，又名草地夜蛾、秋行军虫、秋黏虫、伪黏虫，属鳞翅目夜蛾科。

[分布与为害]　该虫属外来有害生物，2019年1月由东南亚侵入云南、广西，目前已在广东、海南、福建、湖南、贵州、四川、浙江、江西、安徽、江苏等18个省份发现，正由南向北逐渐蔓延。其分为玉米品系和水稻品系两种生物型，目前入侵亚洲和我国的草地贪夜蛾为玉米品系，以为害玉米、高粱、甘蔗、谷子等作物为主，也为害三叶草、早熟禾、剪股颖等草坪禾草。

[识别特征]　①成虫:雌蛾前翅环形及纹肾形，纹灰褐色，轮廓线为黄褐色，各横线明显，后翅白色，外缘有灰色条带。雄蛾前翅环形纹黄褐色，顶角白色块斑，翅基有1黑色斑纹，后翅白色，后缘有1灰色条带。②卵:呈圆顶形，直径0.4 mm，高为0.3 mm，初产时为浅绿或白色，孵化前渐变为棕色。③幼虫:共有6个龄期，体色和体长随龄期而变化。低龄幼虫体色呈绿色或黄色，体长6~9 mm，头呈黑或橙色。高龄幼虫多呈棕色，也有呈黑色或绿色的个体存在，体长30~36 mm，头部呈黑、棕或橙色，具白色或黄色倒"Y"形斑。幼虫体表有许多纵行条纹，背中线黄色，背中线两侧各有1条黄色纵条纹，条纹外侧依次是黑色、黄色纵条纹。其最明显的特征为其腹部末节有呈正方形排列的4个黑斑(图2-3)。④蛹:长14~18 mm，宽4.5 mm，红棕色，有光泽。

[生活习性]　每年发生世代数，随地区

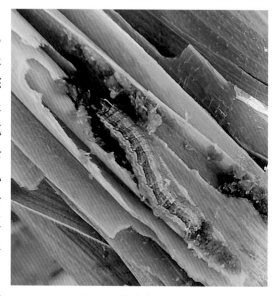

图2-3　草地贪夜蛾幼虫

而异。成虫可进行长距离的飞行,在零度以下的地区不能越冬。成虫为夜行性,在温暖、潮湿的夜晚较为活跃。卵块多产在叶片正面,卵块上多覆盖有黄色鳞毛。每雌蛾可产10块左右的卵,每个卵块100~200粒,最高可产2000粒左右。

4.瓦矛夜蛾

瓦矛夜蛾 *Spaelotis valida*(Walker,1865),属鳞翅目夜蛾科。

[分布与为害] 该虫是近年来新发现的一种害虫,最早发现于山东、河北等省份的部分地区,有在黄淮海地区发展蔓延的趋势。为害三叶草较为严重。

[识别特征] ①成虫:翅展33~46 mm。头部棕褐色;胸部黑褐色,领片棕褐色,肩片黑褐色;腹部暗褐色。前翅灰褐色至黑褐色,翅基片黄褐色;基线为黑色波浪形双线,伸至中室下缘;中室下缘自基线至内横线间具1黑色纵纹;内横线与外横线均为黑色波浪形双线;中室内环纹与中室末端肾形纹均为灰色具黑边,环纹略扁圆,前端开放;亚外缘线土黄色,波浪形。后翅黄白色,外缘暗褐色。足胫节与跗节均具小刺,胫节外侧具2列,跗节具3列。②幼虫:体长30~50 mm,体为棕黄色,背部每体节有1个黑色的倒"八"字纹(图2-4)。该虫有假死性现象,受惊扰时呈"C"形。③蛹:被蛹,纺锤形,体长20 mm左右,蛹期23~26天。化蛹初为白色,逐渐加深至黄褐色、红褐色,羽化前变黑。身体末端生殖孔、排泄孔清晰可见,有两根尾棘。雄蛹的生殖孔在第9腹节形成瘤状突起,排泄孔位于第10腹节。雌蛹的生殖孔位于第8腹节,不明显,且周围平滑;排泄孔位于第10腹节,第10腹节与第9腹节边缘向前延伸在第8腹节形成1个倒"Y"形结构。

图2-4 瓦矛夜蛾幼虫

[生活习性] 幼虫昼伏夜出,白天躲藏在土下0.5~3 cm处,夜间出土觅食。如果浇水,则爬到植株上部。

5.黏虫

黏虫 *Mythimna separata*(Walker,1865),又称粘虫、剃枝虫、行军虫、五彩虫,属鳞翅目夜蛾科。

[分布与为害] 该虫在我国分布极广(除新疆、西藏外),属暴食性害虫,大量发生时常把叶片吃光。近年来,其对草坪禾草的为害日趋严重。

[识别特征] ①成虫:体长15~17 mm。体灰褐色至暗褐色。前翅灰褐色或黄褐色,环形斑与肾形斑均为黄色,在肾形斑下方有1个小白点,其两侧各有1个小黑点;后翅基部淡褐色并向端部逐渐加深(图2-5a)。②卵:馒头形,长0.5 mm。③幼虫:老熟幼虫体长约38 mm,圆筒形;体色多变,黄褐色至黑褐色;头部淡黄褐色,有"八"字形黑褐色纹;胸

腹部背面有5条白、灰、红、褐色的纵纹(图2-5b)。④蛹:红褐色,体长19~23 mm。

[生活习性] 1年发生多代,从东北的2~3代至华南的7~8代,并有随季风进行长距离南北迁飞的习性。成虫昼伏夜出,有较强的趋化性和趋光性。幼虫共6龄,1~2龄幼虫白天潜藏在植物心叶及叶鞘中,高龄幼虫白天潜伏于表土层或植物茎基处,夜间出来取食植物叶片。幼虫有假死性,1~2龄幼虫受惊后吐丝下垂,悬于半空,随风飘散;3~4龄幼虫受惊后立即落地,身体蜷曲不动,安静后再爬上作物或就近转入土中。虫口密度大时可群集迁移为害。喜欢较凉爽、潮湿、郁闭的环境,高温干旱对其不利。1~2龄幼虫只啃食叶肉,使叶片呈现半透明的小斑点;3~4龄时,把叶片咬成缺刻;5~6龄的暴食期可把叶片吃光,虫口密度大时能把整块草坪吃光。

图2-5a　黏虫成虫

图2-5b　黏虫幼虫

6.枸杞褐绢蛾

枸杞褐绢蛾 *Scythris buszkoi* Baran,2003,属鳞翅目绢蛾科。

[分布与为害] 该虫分布于北京、河北、山东等地。幼虫在枸杞叶片上筑丝巢,外出潜叶取食叶肉,6月可把枝条上叶肉食光,仅剩叶表皮(图2-6a、图2-6b)。

[识别特征] ①成虫:翅展11.4~13.4 mm。体、翅黄褐色,略带橄榄绿色。头顶鳞毛平覆紧密而光滑。腹面杂有黑鳞。前翅具黑褐色斑,位置及大小不规则。下唇须上举,不达头顶。

[生活习性] 1年发生3~4代,以蛹在枯叶的丝巢中越冬。野外3月下旬可见成虫。

图2-6a　枸杞褐绢蛾为害状

图2-6b　枸杞褐绢蛾为害状及幼虫

7.枯球箩纹蛾

枯球箩纹蛾 *Brahmaea wallichii* Gray, 1831,又名水蜡蛾、阿里山神蝶,属鳞翅目箩纹蛾科。

[分布与为害]　该虫分布于福建、台湾、湖南、湖北、四川、重庆、贵州、云南等地。幼虫取食女贞、小蜡、冬青等植物的叶片,常造成叶片缺刻或孔洞,甚至食光叶片。

[识别特征]　①成虫:体长45~50 mm,翅展150~162 mm。体色黄褐,触角双栉齿状。前翅冲带下部球状,其上有一列3~6个黑斑(有变异,有时同一个体左右也不对称),中带顶部外侧为齿状突出。前翅端部为枯黄斑,其中3根翅脉上有许多白色"人"字纹,外缘有7个青灰色半球形斑,其上方有2个黑斑。后翅中线曲折,外缘有3~4个半球形斑,其余成曲线形。②卵:扁圆形,初产时米黄色,孵化前为褐色。③幼虫:幼虫5龄,各龄形态特征变异较大:1龄幼虫体长16~17 mm,丝疣上生有黑毛(2、3、4龄幼虫丝疣无毛),腹部第1~7节背面为黑白相间的环带;2龄幼虫体长24~27 mm,丝疣光滑无毛,腹节背面为两列黑斑,后列黑斑大,中央1个近三角形;3龄幼虫体长40~46 mm,体节两侧有黑色"八"字纹,腹部第1~7节背中央均有1个黑斑;4龄幼虫体长61~75 mm,头及胸部两侧呈现黄黑色相间的豹纹,第1腹节背中央黑斑消失;5龄幼虫体长118~130 mm,丝疣全部脱落,遗留疤痕,后胸亚背线上有1对棕色斑(图2-7a、图2-7b、图2-7c)。④蛹:长49~54 mm,深褐色,形似天蛾蛹;后胸背中央有1个凹穴,深约1.5 mm,两侧为瘤状突起;腹部末端有三角形臀棘1枚,端部分叉。

[生活习性]　在福建南平1年发生1代,以蛹越冬。翌年2月中下旬成虫羽化,夜间活动,趋光性较强,补充营养,多单粒散产卵于嫩叶背面;3月中旬幼虫孵化,初孵幼虫取食卵壳,后食嫩叶边缘呈缺刻,4~5龄整天均可取食,可食尽全叶并加害嫩梢;4月中旬后

在土下约5 cm深出作土室化蛹滞育越冬。

图2-7a 枯球箩纹蛾低龄幼虫

图2-7b 枯球箩纹蛾高龄幼虫

[蛾类防治措施]

（1）人工摘除卵块、初孵幼虫或蛹；清除园内杂草或于清晨在草丛中捕杀幼虫。

（2）灯光诱杀成虫，或利用糖醋液诱杀，其配方为糖∶酒∶水∶醋(2∶1∶2∶2) + 少量敌百虫。

（3）生物防治。幼虫3龄前施用细菌杀虫剂Bt.可湿性粉剂，一般每克含100亿孢子，兑水500~1000倍喷雾，选温度20 ℃以上晴天喷洒效果较好；卵期人工释放赤眼蜂，

图2-7c 枯球箩纹蛾高龄幼虫蜷曲状

每亩(1亩≈667 m²)设6~8个点，每次每点放2000~3000头，每隔5天一次，连续2~3次。

（4）药剂防治。幼虫期喷洒5%定虫隆乳油1000~2000倍液、20%灭幼脲3号胶悬剂1000倍液、24%氰氟虫腙悬浮剂600~800倍液、10%溴氰虫酰胺可分散油悬乳剂1500~2000倍液、10.5%三氟甲吡醚乳油3000~4000倍液、20%甲维·茚虫威悬浮剂2000倍液等。

8.点玄灰蝶

点玄灰蝶 *Tongeia filicaudis*（Pryer，1877），又名密点玄灰蝶、雾社黑燕小灰蝶,属鳞翅目灰蝶科。

[分布与为害]　该虫分布于东北、华北、华东、华中、华南、西南等地。其以幼虫为害八宝景天、垂盆草、瓦松等景天科多肉植物,常常在叶背啃食叶肉,残留上表皮形成玻璃窗样的半透明斑,并留有粪便。

[识别特征]　①成虫:翅展12~17 mm。翅背面黑褐色,隐约可见后翅亚外缘有蓝斑1列,另有1条短细尾突。翅腹面呈灰白色,缘毛白色。前翅腹面外缘线黑色,内有两列黑斑,中室内外有3个黑斑;后翅腹面外缘线褐色,内有围绕橙红色的两列黑斑,排成弧形,中室内外也有3个黑斑,而与其他近缘种有着根本区别(图2-8a)。②卵:较小,0.4 mm,扁圆形,呈白色,表面密布网状纹。③幼虫:孵化后钻入寄主植物叶片内蛀食,体色呈黄绿色(图2-8b)。④蛹:椭圆形,体色呈淡绿色,腹部呈黄白色,体表具有稀疏的白色细毛。

[生活习性]　幼虫从孵化之时起,就潜伏在叶子的叶肉之中取食,有蝴蝶中的"潜水者"之称。

图2-8a　点玄灰蝶成虫交尾状

图2-8b　点玄灰蝶幼虫

9.豆小灰蝶

豆小灰蝶 *Plebejus argus*（Linnaeus，1758），又名银缘琉璃小灰蝶、豆小灰蝶、银蓝灰蝶、豆灰蝶,属鳞翅目灰蝶科。

[分布与为害]　该虫分布于黑龙江、吉林、辽宁、陕西、山西、甘肃、青海、内蒙古、新疆、河北、河南、山东、湖南、四川等地。为害苜蓿、紫云英、黄芪等地被植物,以幼虫咬食叶片下表皮及叶肉,残留上表皮,个别啃食叶片正面,严重的把整个叶片吃光。

[识别特征]　①成虫:体长9~11 mm,翅展25~30 mm。雌雄异形。雄虫翅正面青蓝色,具青色闪光,黑色缘带宽,缘毛白色且长;前翅前缘多白色鳞片,后翅具1列黑色圆点与外缘带混合。雌虫翅棕褐色,前翅、后翅亚外缘的黑色斑镶有橙色新月斑,反面灰白色;前翅、后翅具3列黑斑,外列圆形与中列新月形斑点平行,中间夹有橙红色带;内列斑

点圆形,排列不整齐,第2室1个,圆形,显著内移,与中室端长形斑上下对应;后翅基部另具黑点4个,排成直线;黑色圆斑外围具白色环(图2-9a、图2-9b)。②卵:扁圆形,直径0.5~0.8 mm,初黄绿色,后变黄白色。③幼虫:幼虫头黑褐色,胸部绿色;背线色深,两侧具黄边;气门上线色深,气门线白色。老熟幼虫体长9~13.5 mm,背面具2列黑斑。④蛹:长8~11.2 mm,长椭圆形,淡黄绿色,羽化前灰黑色,无长毛及斑纹。

图2-9a 豆小灰蝶成虫(背面观) 　　　　图2-9b 豆小灰蝶成虫(腹面观)

[生活习性] 河南1年发生5代,以蛹在土壤耕作层内越冬。翌年3月下旬羽化为成虫,4月底至5月初进入羽化盛期。卵多产在叶背面,散产,有的产在叶柄或嫩茎上。幼虫5龄,3龄前只取食叶肉,3龄后食量增加,最后暴食2天进入土中预蛹期。幼虫有相互残杀习性,常与蚂蚁共生。

10.白弄蝶

白弄蝶 *Abraximorpha davidii*(Mabille,1876),属鳞翅目弄蝶科。

[分布与为害] 该虫分布于华南、华中、西南等地。其以幼虫取食粗叶悬钩子、木莓等蔷薇科地被植物。

[识别特征] ①成虫:展翅40~45 mm,翅表色泽、花纹特殊。成虫前翅外观为三角形,外形横长;后翅形状为水滴形,接近三角形。雌蝶翅形较为宽圆。成蝶翅表底色为白色,翅表布满灰绿色斑纹(图2-10)。②卵:直径0.9~1.0 mm,呈白色或淡黄色,底部稍微扁平之圆球形;表面有明显纵脊,通常会黏附雌蝶腹部之黄褐色细毛。③幼虫:体长27~30 mm,体形呈长圆筒状,腹部末端稍微变细,前胸即与头部连接处明显缢缩形成颈部。头部黑褐色,表面密布白色细小绒毛。体呈黄绿色,体表密布淡黄色细小疣状突起及白色细毛,各体节中央背线有一绿色纵纹,中央背线两侧之侧线及氧气下线部位有淡色纵纹,体侧气门为白色。④蛹:长为17~20 mm,外观接近长梭形,头部前端有一短小棒状突出,躯体后半部逐渐变细。

图2-10 白弄蝶成虫

蛹体呈淡黄绿色,翅芽基部、后缘及翅脉部位有黑色细纹,气门为黑褐色。

[生活习性] 成虫飞行迅速,天敌捕捉不易。雌蝶将卵单产在寄主叶片的背面,卵上有密集的毛丛。幼虫吐丝黏合叶片造一虫巢,摄食时外出取食其他叶片,平时则藏匿于巢中,躲避各种捕食性天敌。老熟幼虫化蛹于虫巢中或从寄主植物上爬行至地面,于地表岩石隙缝或枯枝落叶等遮挡隐蔽场所化蛹,借以躲避天敌。

[蝶类防治措施]

(1)人工摘除越冬蛹,并注意保护天敌。

(2)结合修剪管理,人工采卵、杀死幼虫或蛹体。

(3)严重发生时喷洒Bt.乳剂500倍液、25%灭幼脲3号胶悬剂稀释1000倍液、24%氰氟虫腙悬浮剂600~800倍液、10%溴氰虫酰胺可分散油悬乳剂1500~2000倍液、10.5%三氟甲吡醚乳油3000~4000倍液、20%甲维·茚虫威悬浮剂2000倍液等。

11. 黄胫小车蝗

黄胫小车蝗 *Oedaleus infernalis* Saussure,1884,又名黄胫车蝗,属直翅目斑翅蝗科。

[分布与为害] 该虫分布于黑龙江、吉林、辽宁、陕西、山西、宁夏、甘肃、青海、内蒙古、河北、河南、山东、江苏、安徽、福建、台湾等地。其以成虫与若虫为害草坪禾草。

[识别特征] 成虫:雌虫体长30~39 mm,翅长27~34 mm;雄虫体长23~28 mm,翅长22~26 mm。体黄褐色,少数草绿色。后翅基部淡黄色,中部具有到达后缘的暗色窄带纹;雄性后翅顶端呈褐色。雌性后足腿节的底侧及胫节黄褐色,而雄性的腿节底侧为红色,胫节基部常沾有红色。头短,颜面垂直或微向后倾斜。复眼卵圆形。触角丝状,到达或超过前胸背板后缘。前胸背板中部略窄,具不规则的"X"形花纹,后一对"八"字纹明显宽于前一对。中胸腹板侧叶间的中隔较宽。前后翅发达,常超过后足腿节(图2-11a、图2-11b)。

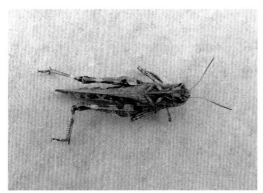

图2-11a 黄胫小车蝗成虫(背面观)　　　图2-11b 黄胫小车蝗成虫(侧面观)

[生活习性] 鲁北1年发生2代,以卵在土中越冬。蝗蝻5龄。一般年份第1代蝗卵5月中旬开始孵化,5月下旬进入孵化盛期;6月中旬蝗蝻开始羽化,6月下旬至7月上旬为

羽化盛期;7月中下旬成虫开始产卵。第2代蝗卵8月中旬开始孵化,9月上旬蝗蝻开始羽化,9月中旬为羽化盛期;9月下旬成虫开始产卵,第2代成虫期较短。第1、2代成虫于10月下旬相继死亡,个别可延续到11月上旬死亡。成虫具有扩散迁移习性。龄期越大,迁移、扩散能力越强。

12.笨蝗

笨蝗 *Haplotropis brunneriana* Saussure, 1888,属直翅目癞蝗科。

[分布与为害]　该虫分布于黑龙江、吉林、辽宁、陕西、宁夏、内蒙古、甘肃、北京、河北、河南、山东、江苏、安徽等地。该虫为大型短翅蝗虫,通常土色,前翅短小而易于识别。其食性杂,能为害草坪禾草及多种地被植物。

图2-12　笨蝗成虫交尾状

[识别特征]　成虫:体形粗壮。头较短小,其长明显短于前胸背板。前胸背板中隆线呈片状隆起,全长完整或仅被后横沟微微割断,前后缘呈锐角或直角状。腹部第2节背板侧面具摩擦板。前翅短小,其顶端最多略超过腹部第1节背板的后缘;后翅甚小。后足腿节外侧具不规则短隆线,基部外侧的上基片短于下基片(图2-12)。

[生活习性]　山东济南1年发生1代。3月中旬至4月上旬越冬卵孵化,3月下旬为孵化盛期。4月下旬至5月上旬为3龄蝗蝻盛期。5月下旬至6月初为羽化盛期。6月中旬产卵。7月中旬至7月下旬成虫死亡。该虫有多次交尾习性,一生可交尾5~8次,最多达10次以上。1头雌虫可产卵2~3块,每卵块有卵10粒左右,多产在干旱高燥的向阳坡地及丘陵山地。该虫不能飞翔,不能跳跃,且行动迟缓。

13.中华剑角蝗

中华剑角蝗 *Acrida cinerea* (Thunberg, 1815),又名中华蚱蜢、尖头蚱蜢、括搭板、双木夹,属直翅目剑角蝗科。

[分布与为害]　该虫在全国各地均有分布。为害草坪草及多种地被植物,常将叶片咬成缺刻或孔洞,严重时将叶片吃光。

[识别特征]　①成虫:体长80~100 mm,雌虫体大,雄虫体小。体色常为绿色(春夏型)或黄褐色(秋冬型),背面有淡红色纵条纹。前胸背板的中隆线、侧隆线及腹缘呈淡红色。前翅绿色或枯草色,沿肘脉域有淡红色条纹,或中脉有暗褐色纵条纹,后翅淡绿色(图2-13a)。②若虫:与成虫近似,个体小,翅呈翅芽状(图2-13b)。③卵:块状。

图2-13a　中华剑角蝗雌成虫

图2-13b　中华剑角蝗若虫

[生活习性]　1年发生1代,以卵在土层中越冬。成虫产卵于土层内,成块状,外被胶囊。若虫(蝗蝻)为5龄。成虫善飞,若虫以跳跃扩散为主。

14.短额负蝗

短额负蝗 *Atractomorpha sinensis* I. Bolivar, 1905,又名中华负蝗、尖头蚱蜢、小尖头蚱蜢、小尖头蚂蚱,属直翅目锥头蝗科。

[分布与为害]　该虫在全国均有分布。为害松果菊、地被菊、地被月季以及禾本科草坪草等植物。

[识别特征]　①成虫:雌虫体长35~45 mm;雄虫体小,体长20~30 mm,头至翅端长30~48 mm。体色为绿色(春夏型)或褐色(秋冬型)。绿色型自复眼起向斜下有1条粉红纹,与前、中胸背板两侧下缘的粉红纹衔接。体表有浅黄色瘤状突起。后翅基部红色,端部淡绿色。头尖削。前翅长度超过后足腿节端部约1/3(图2-14a、图2-14b、图2-14c)。②卵:长2.9~3.8 mm,长椭圆形,中间稍凹陷,一端较粗钝,黄褐至深黄色,卵壳表面呈鱼鳞状花纹。卵粒在卵块内倾斜排列成3~5行,并有胶丝裹成卵囊。③若虫:共5龄。外形与成虫近似,体较小,翅呈翅芽状态。

[生活习性]　华北地区1年发生1代,江西1年发生2代,以卵越冬。5月下旬至6月中旬为孵化盛期,7~8月羽化为成虫。该虫喜栖于地被多、湿度大、双子叶植物茂密的环境。成虫、若虫大量发生时,常将叶片食光,仅留秃枝。初孵若虫有群集为害习性,2龄后分散为害。

图2-14a　短额负蝗春夏型成虫

图2-14b　短额负蝗秋冬型成虫　　　　图2-14c　短额负蝗成虫交尾状

15.白边雏蝗

白边雏蝗 Chorthippus albomarginatus（De Geer，1773），属直翅目网翅蝗科。

[分布与为害]　该虫分布在黑龙江、吉林、内蒙古、新疆、河北等地。为害多种草坪草,密度大时杂草叶片被吃光,叶鞘、茎秆被吃成缺刻,远处看一片枯黄。

[识别特征]　成虫:雄虫体长15~17 mm,雌虫体长20~22 mm;体黄褐色;小型,匀称。头部稍短于前胸背板,头顶中央有两条黑色纵条纹。触角丝状,较短,到达前胸背板后缘。复眼卵形,较大。前胸背板前缘平直,后缘弧形,弧度很小;中隆线明显,周边呈黑色;侧隆线颜色加深,近乎平行;有两条明显横沟。翅较发达。前翅基部褐色,向端部颜色渐淡,无明显翅痣;前缘径脉呈"S"状弯曲。后翅较圆,透明。后足股节上侧色深,淡黄褐色,内侧无暗色斜纹;后足胫节黄色,无明显斑纹,刺黑色。腹部黄褐色。雄性腹部下生殖板圆锥形,末端稍钝。雌性产卵瓣呈钩状,上产卵瓣的上外缘无细齿(图2-15)。

图2-15　白边雏蝗成虫

[生活习性]　黑龙江富裕县1年发生1代,以卵在表土下1~2 cm土层中越冬。5月上旬蝗蝻陆续出土,6月中下旬产卵。

16.肿脉蝗

肿脉蝗 Stauroderus scalaris（Fischer von Waldheim，1846），属直翅目网翅蝗科。

[分布与为害]　该虫分布于黑龙江、吉林、辽宁、内蒙古、青海、新疆、河北、西藏等地。为害多种草坪草,密度大时杂草叶片被吃光,叶鞘、茎秆被吃成缺刻。

[识别特征]　成虫:雄虫体长18~24 mm。体灰褐色,中型,匀称。头部短,明显短于

前胸背板;颜面明显倾斜,在复眼下方有1条浅沟;复眼近圆形,较小;触角丝状,到达前胸背板后缘。前胸背板具细小颗粒状突起,后缘弧度平缓;中隆线不明显,侧隆线向内弯曲;横沟明显,沟前区和沟后区长度相近。翅发达,暗褐色;前翅前缘明显弯曲,纵脉稀疏加粗,中脉域很宽,后翅深褐色,不透明,纵脉向端部逐步加粗。后足股节褐色,上端黑色,下端黄色;后足胫节橙红色,长度小于后足股节。尾须长锥形,较钝(图2-16)。

图2-16 肿脉蝗成虫

[生活习性] 不详。

[蝗虫类防治措施]

(1)人工捕捉。初孵若虫群集为害及成虫交配期进行网捕。

(2)若虫或成虫盛发时,可喷洒20%菊杀乳油2000倍液、2.5%高效氯氟氰菊酯乳油1000~2000倍液、1%甲维盐乳油2000~000倍液、20%甲维·茚虫威悬浮剂2000倍液等,均有良好的效果。

(3)保护利用麻雀、青蛙、大寄生蝇及微孢子虫等天敌进行生物防治。

17.杜鹃三节叶蜂

杜鹃三节叶蜂 *Arge similis*(Snellen van Vollenhoven,1860),又名杜鹃黑毛三节叶蜂、桦三节叶蜂、光唇黑毛三节叶蜂,属膜翅目三节叶蜂科。

[分布与为害] 该虫分布于山东、上海、浙江、湖北、福建、广东、广西等地。为害杜鹃花科地被植物。

[识别特征] ①成虫:体长8~10 mm。体蓝黑色,具金属光泽。触角黑色,分为3节,第3节末端膨大。翅暗淡黑色,具光泽,翅脉黑褐色。足蓝黑色。②卵:椭圆形,长约2 mm。初产时白色半透明,后加深为黄绿色至黄褐色。③幼虫:共5龄。老熟幼虫体长约20 mm,黄绿色至绿色。头部黄色,复眼黑色,身体各节具3列横排的黑色毛瘤(图2-17)。④蛹:长11~12 mm,淡黄绿色。⑤茧:长12~13 mm,丝质,淡褐色。

[生活习性] 浙江1年发生3代,以老熟幼虫在浅土层或落叶中结茧越冬。翌年4月越冬幼虫开始化蛹、羽化。4月下旬为产卵盛期,卵多产于嫩叶的叶背边缘表皮下,单产、数粒至十余粒整齐排列。幼虫为

图2-17 杜鹃三节叶蜂幼虫

害期为5月至10月。幼虫食量较大,发生严重时整片杜鹃的大部分叶片可在短时间内被食尽,严重影响植株的正常生长。10月下旬后老熟幼虫陆续开始结茧越冬。

18.缨鞘钩瓣叶蜂

缨鞘钩瓣叶蜂 *Maerophya pilotheca* Wei et Ma,1997,又名缨鞘宽腹叶蜂,属膜翅目叶蜂科。

[分布与为害] 该虫分布于浙江、江西等地。为害金叶女贞、小叶女贞、小蜡等植物。

[识别特征] ①成虫:雌虫体长8.5~10.0 mm;雄虫体长6.5~8.2 mm。雌虫体黑色;唇基、上唇、上额基半,口须大部、单眼后区两侧和后缘、前胸背板后缘、中胸盾片内侧的窄三角形斑块、中胸小盾片大部、胸腹节后缘、第2~7腹节背板侧面后缘、第10节背板浅黄色,第2、7节背板斑块很小;翅透明,翅痣和翅脉黑色;足黄色,前足基节大部、中足基节端部、后足基节端部和外侧有大斑块,各足腹节基部1/5~1/6、前足膝部和胫节外侧、中足胫节端部外侧斑块、后足胫节外侧大型斑块白色,前足、中足跗节背侧黄色;体毛银色;锯鞘具黑毛。雄虫体色和构造近似雌虫,但中胸背板不具黄色斑块,腹端黑色,前足、中足前侧完全浅黄色,后腿节基部1/4白色,前翅臀室中柄短,下生殖板端部钝圆。②卵:乳白色,长1.6 mm,宽1.2 mm,呈椭圆形。③幼虫:初孵幼虫头部褐色,体乳白色,头部有光泽,胸足黑色,腹面和腹足浅黄色,腹足8对。除3龄蜕皮后体为淡绿色外,其余各龄体白色(图2-18),且全身附有白色蜡粉。老熟幼虫体缩小到1.0~1.2 cm,体形不蜷曲。④蛹:长8.5~13 mm。初黄白色,后变褐色,土室光亮,由褐色体液涂室内壁,以利保湿、保温。

图2-18 缨鞘钩瓣叶蜂幼虫

[生活习性] 江西南昌1年发生1代,以老熟幼虫在4~7 cm深的土壤中作土室越冬。翌年3月上旬末中旬初开始化蛹,3月下旬为化蛹盛期,4月上旬开始羽化,4月中旬为羽化盛期。4月中旬开始产卵,4月中旬末下旬初为产卵盛期,卵经10天开始孵化。4月下旬末5月上旬初为孵化盛期。幼虫为6龄,4龄以后为暴食阶段,5月下旬老熟,幼虫入土作土室进入前蛹期。成虫需要补充营养,以树上部的嫩叶为食,卵散产于叶背面主脉和侧脉附近的表皮下,成虫无趋光性。

[叶蜂类防治措施]

(1)休眠期防治。冬春季结合土壤翻耕消灭叶蜂类越冬茧。

（2）人工防治。寻找叶蜂产卵枝梢、叶片，人工摘除卵梢、卵叶及孵化后尚群集的幼虫。

（3）保护利用螳螂、蜘蛛、蚂蚁等天敌。

（4）药剂防治。幼虫发生期，可选用Bt.乳剂500倍液、2.5%溴氰菊酯乳油3000倍液、20%杀灭菊酯2000倍液、25%灭幼脲3号胶悬剂1500倍液、24%氰氟虫腙悬浮剂600~800倍液、10%溴氰虫酰胺可分散油悬乳剂1500~2000倍液、10.5%三氟甲吡醚乳油3000~4000倍液、20%甲维·茚虫威悬浮剂2000倍液等。

19. 豌豆潜叶蝇

豌豆潜叶蝇 *Phytomyza horticola* Gourean，1851，又名豌豆彩潜蝇、菊潜叶蝇、油菜潜叶蝇、拱叶虫、夹叶虫、叶蛆，属双翅目潜蝇科。

[分布与为害]　该虫分布于全国各地。其为多食性害虫，为害雏菊、二月兰等多种地被植物，幼虫潜食叶片，在叶面上形成不规则的蛇形白色潜道（图2-19a、图2-19b），严重时叶片干枯脱落。

[识别特征]　①成虫：体小，似果蝇，雌虫体长2.3~2.7 mm，翅展6.3~7.0 mm；雄虫体长1.8~2.1 mm，翅展5.2~5.6 mm。全体暗灰色而有稀疏的刚毛。复眼椭圆形，红褐色至黑褐色。眼眶间区及颅部的腹区为黄色。触角黑色，分3节，第3节近方形；触角芒细长，分成2节，其长度略大于第3节的2倍。②卵：为长卵圆形，长0.30~0.33 mm，宽0.14~0.15 mm。③幼虫：虫体呈圆筒形，外形为蛆形。④蛹：为围蛹，长卵形，略扁，长2.1~2.6 mm，宽0.9~1.2 mm。

图2-19a　豌豆潜叶蝇为害二月兰状

图2-19b　豌豆潜叶蝇为害二月兰状

[生活习性]　1年发生4~18代，世代重叠。淮河以北地区以蛹在被害叶片内越冬，淮河秦岭以南至长江流域以蛹越冬为主，少数幼虫和成虫也可越冬。华南地区可在冬季连续发生，各地均从早春起，虫口数量逐渐上升，春末夏初为害猖獗。此虫不耐高温，35 ℃以上时自然死亡率高，活动减弱，甚至以蛹越夏，秋天再开始为害。成虫白天活动，吸食花蜜，善飞、会爬行，趋化性强。卵散产在叶背叶缘组织内，尤以叶尖处为多。幼虫孵化

后即潜食叶肉,出现曲折的隧道。幼虫共3龄,老熟幼虫在隧道末端化蛹。

[防治措施]

(1)严格检疫,防止该虫扩大蔓延。

(2)消灭虫源。花卉种植前,彻底清除杂草、残株、败叶,并集中烧毁,减少虫源;种植前深翻,活埋地面上的蛹,且最好撒施3%米尔乐颗粒剂,用量为22.5~30 kg/hm²;发生盛期,中耕松土灭蝇。

(3)采用防虫网阻隔或黄板诱杀成虫。

(4)药剂防治。幼虫发生期,可选用50%蝇蛆净水溶粉剂2000倍液、50%吡蚜酮可湿性粉剂2500~5000倍液、10%氟啶虫酰胺水分散粒剂2000倍液、22%氟啶虫胺腈悬浮剂5000~6000倍液、5%双丙环虫酯可分散液剂5000倍液、22.4%螺虫乙酯悬浮剂3000倍液喷洒防治。成虫发生期,用80%敌敌畏乳油(3~4.5 L/hm²)拌锯末点燃,熏杀成虫;或采用22%敌敌畏烟剂,用量为6~6.75 kg/hm²。翌日10时左右及时放烟,以免造成药害。

(5)保护利用天敌,如姬小蜂、金小蜂、瓢虫、椿象、蚂蚁、草蛉、蜘蛛等。

20.条华蜗牛

条华蜗牛 *Cathaica fasciola* (Draparnaud, 1801),又名水牛,属软体动物门腹足纲柄眼目巴蜗牛科。

[分布与为害] 该虫分布于我国黄河流域、长江流域及华南各省。为害二月兰、芍药等多种地被植物。初孵幼螺只取食叶肉,留下表皮,稍大个体则用齿舌舔食嫩叶、嫩茎及果实。轻者食叶成缺刻或孔洞,严重的嫩芽被咬食,影响生长及开花。

[识别特征] ①成体:贝壳中等大小,壳质厚,坚实,呈扁球形。壳高12 mm,宽16 mm,有5~6个螺层,顶部几个螺层增长缓慢,略膨胀,螺旋部低矮,体螺层增长迅速、膨大。壳顶钝,缝合线深。壳面呈黄褐色或红褐色,有稠密而细致的生长线。体螺层周缘或缝合线处常有1条暗褐色带(有些个体无)。壳口呈马蹄形,口缘锋利,轴缘外折,遮盖部分脐孔。脐孔小而深,呈洞穴状。个体之间形态变异较大(图2-20)。②卵:圆球形,直径2 mm,乳白色有光泽,渐变淡黄色,近孵化时为土黄色。

图2-20　条华蜗牛成体

[生活习性] 1年发生1代,以成贝在冬作物土中或作物秸秆堆下或以幼贝在冬作物根部土中越冬。翌年4~5月间产卵,卵多产在根际湿润疏松的土中或缝隙中,以及枯叶、石块下,每个成贝可产卵30~235粒。幼贝孵化后生活在潮湿草丛中、田埂上、灌木丛中、

乱石堆下、植物根际土块及土缝中,适应性强。

21.灰巴蜗牛

灰巴蜗牛 *Bradybaena ravida* (Benson,1842),又名蜒蚰螺、水牛儿,属软体动物门腹足纲柄眼目巴蜗牛科。

[分布与为害]　该虫分布于全国各地。为害多种草坪草与地被植物,尤其喜食白三叶草、红三叶草、红花酢浆草等,发生严重时,每平方米可多达80多头。其爬行过后,常常会留下白色的黏液痕迹。

[识别特征]　①成体:贝壳中等大小,壳质稍厚,坚固,呈圆球形。壳高19 mm、宽21 mm,有5~6个螺层,顶部几个螺层增长缓慢、略膨胀,体螺层急骤增长、膨大。壳面黄褐色或琥珀色,并具有细致而稠密的生长线和螺纹。壳顶尖,缝合线深。壳口呈椭圆形,口缘完整,略外折,锋利,易碎。轴缘在脐孔处外折,略遮盖脐孔。脐孔狭小,呈缝隙状。

图2-21　灰巴蜗牛成体

个体大小、颜色变异较大(图2-21)。②卵:圆球形,白色。

[生活习性]　华北地区1年发生1代,以成贝和幼贝在落叶下或浅土层中越冬。翌年3月上中旬开始活动,白天潜伏,傍晚或清晨取食,遇有阴雨天多整天栖息在植株上。4月下旬到5月上中旬,成贝开始交配,后不久把卵成堆产在植株根茎部的湿土中。初产的卵表面具黏液,干燥后把卵粒粘在一起成块状。初孵幼贝多群集在一起取食,长大后分散为害,喜栖息在植株茂密低洼潮湿处。温暖多雨天气及田间潮湿地块受害重;遇有高温干燥条件,蜗牛常把壳口封住,潜伏在潮湿的土缝中或茎叶下,待条件适宜时,如下雨或灌溉后,于傍晚或早晨外出取食。11月中下旬开始越冬。

22.野蛞蝓

野蛞蝓 *Agriolimax agrestis* (Linnaeus,1758),又名无蜒蚰螺、鼻涕虫、黏腥虫、旱螺、软体蜗牛,属软体动物门腹足纲柄眼目蛞蝓科。

[分布与为害]　该虫性喜阴暗潮湿,广泛分布在我国的热带、亚热带、温带地区。其食性杂,可为害多种草坪草及地被植物的幼苗与幼嫩茎叶,将其食成孔洞或缺刻,同时排泄粪便、分泌黏液污染植物。

[识别特征]　①成体:体长20~25 mm,爬行时体可伸长达30~36 mm。体光滑柔软,无外壳。体色为黑褐色或灰褐色。头部与身体无明显分节,头前端着生唇须(前触角)、眼须(后触角)各1对,暗黑色。唇须长约1 mm,起感觉作用。眼须长约4 mm,其端部着生有眼点,色较深。口器位于头部腹面两唇须的凹陷处,内生有1条角质齿舌,用以嚼食

植物叶片。体背中央隆起,前方有半圆形硬壳外套膜,约为体长的1/3。其边缘卷起,内有1个退化的贝壳,头部收缩时即藏于膜下。呼吸孔在外套膜的后半部右侧2/3处,生殖孔位于右眼须的后侧方。雌雄同体。肌肉组织的腺体能分泌黏液,覆布体表,凡爬行过的地方均留有白色痕迹(图2-22)。②卵:椭圆形,直径2~2.5 mm;白色透明,可见卵核,且韧而富有弹性,近孵化时色变深。卵粒黏集成堆,每堆8~9粒,多的有20粒以上。③幼体:形似成体,全身淡褐色,外套膜下后方的贝壳隐约可见。初孵幼体长2~2.5 mm,宽约1 mm,1周后长增至3 mm,2周后长至4 mm,1个月后长至8 mm,3个月后长达10 mm、宽2 mm,5~6个月发育为成体。

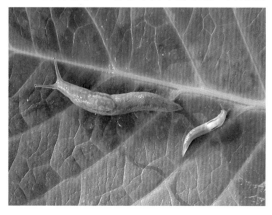

图2-22　野蛞蝓成体与幼体

[生活习性]　该虫以成体或幼体在植物根部湿土下越冬。5~7月在田间大量活动为害,入夏气温升高,活动减弱,秋季气候凉爽后,又活动为害。当成体性成熟后即可交配,交配后2~3天即可产卵,卵成堆产于潮湿土块下、土壤缝隙内或作物根际上,干燥的土壤不利于胚胎发育及卵的孵化。野蛞蝓成体、幼体均畏光怕热,喜阴暗、潮湿、多腐殖质的环境。成体、幼体白天隐藏在土块、背荫田埂杂草内或靠近地面的叶片下,夜晚至清晨及阴雨天外出取食活动。

[蜗牛、蛞蝓类防治措施]

(1)发生量较小时,人工捡拾,集中杀灭。

(2)傍晚在害虫栖息处撒新鲜的石灰粉,用量为75~112.5 kg/hm²,杀成体、幼体。

(3)用稀释成70~100倍的氨水,于夜间喷洒。

(4)在其活动场所或受害植物的周围,撒施2%梅塔(灭旱螺)颗粒剂、6%蜗牛敌(多聚乙醛)颗粒剂,10 kg/hm²,或用蜗牛敌+豆饼+饴糖(1:10:3)制成的毒饵撒于草坪,进行诱杀。

23.北京小直形马陆

北京小直形马陆 Orthomorphella pekuensis(Karsch,1881),又名马陆、北京山蛩虫、多足虫、草鞋爬子、百脚虫等,属节肢动物门多足纲奇马陆科。

[分布与为害]　该虫分布于全国各地。为害草坪禾草等植物,以成体、幼体取食根、嫩茎和叶,造成损伤和污染。

[识别特征]　①成体:体长25~30 mm。外形似蜈蚣,体圆形稍扁,赤褐色或暗褐色,全体有光泽。头部着生触角1对,眼为单眼,口器在头的腹面,咀嚼式。躯干共20节,每1体节有浅白色环带,背面两侧和步肢黄色。其最为明显的特征是每1体节有2对行动足

（图2-23）。②卵：白色，圆球形。③幼体：初孵化的幼体白色、细长，经几次蜕皮后，体色逐渐加深。幼体和成体都能蜷缩成圆环状。

[生活习性] 华北地区1年发生1代。性喜阴湿，一般生活在草坪土表、土块下面或土缝内，白天潜伏，晚间活动为害。有时白天在地面爬行，常为单体活动，夏季雨后天晴出来爬行最多。受到触碰时，会将身体蜷曲成圆环形，呈"假死状态"，间隔一段时间后，复原活动。一般为害植物的幼根及幼嫩的小苗和嫩茎、嫩叶。卵产于草坪土表，卵成堆产，卵外有1层透明黏性物质，

图2-23 北京小直形马陆

每头可产卵300粒左右。在适宜温度下，卵经过20天左右孵化为幼体，数月后成熟。寿命可达1年以上。

[防治措施]

（1）保持草坪卫生，及时清除砖块、石块、花盆等杂物，扫除并烧毁枯枝落叶，以及减少其隐蔽场所。

（2）为害严重时，用2.5%溴氰菊酯乳油2500倍液、20%速灭杀丁乳油3500倍液、50%辛硫磷乳油1000倍液喷洒防治。

（3）毒饵诱杀。将麸皮或豆饼炒黄拌入500倍的"虫螨净"，撒在墙角等较暗的地方进行诱杀。

二、吸汁害虫

24.麦长管蚜

麦长管蚜 *Sitobion avenae*（Fabricius，1775），属半翅目蚜科。

[分布与为害] 该虫分布于河北、山西、河南、山东、安徽、湖北、江苏、四川、陕西等地。为害高羊茅、细叶结缕草、马尼拉草、野牛草、地毯草等草坪禾草。前期集中在叶片正面或背面，后期集中在穗上刺吸汁液，致受害株生长缓慢，分蘖减少。

[识别特征] ①无翅孤雌蚜：体长3.1 mm，宽1.4 mm，长卵形，草绿色至橙红色，头部略显灰色，腹侧具灰绿色斑。触角、喙端节、腹管黑色，尾片色浅。腹部第6~8节及腹面具横网纹，无缘瘤。额瘤显著外倾。触角细长，全长不及体长，第3节基部具1~4个次生感觉圈。喙粗大，超过中足基节。端节圆锥形，是基宽的1.8倍。腹管长圆筒形，长为体长的1/4，在端部有网纹十几行。尾片长圆锥形，长为腹管的1/2，有6~8根曲毛。②有翅孤

雌蚜：体长3.0 mm，椭圆形，绿色，触角黑色，第3节有8~12个感觉圈排成一行。喙不达中足基节。腹管长圆筒形，黑色，端部具15~16行横行网纹，尾片长圆锥状，有8~9根毛（图2-24）。③卵：呈长卵形，长0.7~0.8 mm，最宽处约0.3 mm，漆黑有光泽。④若虫：1龄和2龄若蚜触角为5节，3~4龄若蚜触角为6节，1~4龄若蚜尾片不发达。

图2-24　麦长管蚜

[生活习性]　1年发生20~30代，春秋两季为发生高峰期，夏季和冬季蚜量少。11月中下旬后，随气温下降开始越冬。在多数地区以无翅孤雌成蚜和若蚜在植株根际或四周土块缝隙中越冬，有的可在背风向阳的寄主叶片上继续生活。春季气温高于6 ℃后开始繁殖；气温高于22 ℃后，产生大量有翅蚜，迁飞到冷凉地带越夏。该虫在我国中部和南部属不全周期型，即全年进行孤雌生殖，不产生性蚜世代；在北方常产生孤雌胎生世代和两性卵生世代，世代交替。

25.禾谷缢管蚜

禾谷缢管蚜 *Rhopalosiphum padi*（Linnaeus，1758），又名禾缢管蚜、黍蚜，属半翅目蚜科。

[分布与为害]　该虫分布于黑龙江、吉林、辽宁、内蒙古、新疆、山东、江苏、浙江、福建、四川、重庆、贵州、云南等地。为害细叶结缕草、高羊茅、野牛草等植物。

[识别特征]　①无翅孤雌蚜：体长1.9~2.5 mm，宽卵形，体橄榄绿色至黑褐色，嵌有黄绿色纹，体被灰白色蜡粉。触角6节，黑色，长超过体长之半。复眼黑色，中额瘤隆起，喙粗壮，比中足基节长，长是宽的2倍。腹部暗红色，腹管黑色，圆筒形，短，端部缢缩为瓶颈状。尾片长圆锥形，具4根毛（图2-25）。②有翅孤雌蚜：体长2.1 mm，长卵形，头部、胸部黑色，腹部深绿色，具黑色斑纹。额瘤不明显，触角比体长短，第3节具圆形次生感觉圈19~30个，第4节2~10个。前翅中脉3条，前两条分叉、甚小。第7、8节腹背具中横带。腹管近圆形，黑色，短，端部缢缩为瓶颈状。③卵：初产时黄绿色，较光亮，稍后转为墨绿色。

图2-25　禾谷缢管蚜为害草坪草及无翅孤雌蚜、若蚜状

[生活习性]　华北地区1年发生10~20余代,以卵在桃、李、杏等花木上越冬。翌年春季越冬卵孵化后,先在木本植物上繁殖几代,再迁飞到高羊茅等禾本科植物上繁殖为害。秋后产生雌雄性蚜,交配后在木本植物上产卵越冬。

26.印度修尾蚜

印度修尾蚜 *Indomegoura indica*(van der Goot,1916),属半翅目蚜科。

[分布与为害]　该虫分布于吉林、山东、福建、台湾、重庆、贵州等地。为害萱草,成蚜、若蚜聚集于幼嫩的心叶、嫩叶基部以及花梗、花蕾刺吸汁液(图2-26a),严重时造成花蕾与叶片枯萎。

[识别特征]　①无翅孤雌蚜:体长3.1~4.2 mm。体橘黄色,被白色蜡粉,触角、足及腹管黑褐色至黑色。腹管约是尾片长的1.4倍。②有翅孤雌蚜:参见图2-26b。③若蚜:参见图2-26b。

[生活习性]　夏季及初秋可在萱草的叶、茎和花上发现,有时发生量很大,植株上布满虫体。

图2-26a　印度修尾蚜为害萱草花梗、果实状

图2-26b　印度修尾蚜有翅孤雌蚜与有翅若蚜

27.蚊母新胸蚜

蚊母新胸蚜 *Neothracaphis yanonis*(Matsumura,1917),又名蚊母瘿蚜、蚊母瘿瘤蚜,属半翅目蚜科。

[分布与为害]　该虫分布于江苏、上海、安徽、浙江、江西、湖南、四川、贵州等地。为害蚊母树,刺吸为害新叶,植株被害后在虫体四周隆起,逐渐将虫体包埋形成虫瘿。虫瘿继续生长,可至黄豆大小,最大的接近蚕豆大小(图2-27)。5~6月,虫瘿变红,破裂,有翅迁飞蚜迁往越夏寄主为害。

[识别特征]　①有翅孤雌蚜:体长卵

图2-27　蚊母新胸蚜为害状

形,长1.6 mm;头、胸黑色,体黑灰色;触角粗短,5节;尾片末端圆形,有横行微刺,短毛6~9根;前翅中脉较淡,分有3岔,后翅肘脉2根。②干母:嫩黄色,初孵若虫体扁平,近透明,仅足基部、腿节和胫节连接处稍深色。复眼红色,腹部比较小,体侧有6对以上较长毛。干母经两次蜕皮后体形变为半球形,饱满,腹末两侧出现白色蜡丝。触角粗短,长0.16 mm,第3节端部明显变细,鞭节端部有毛2~3根;触角第1~4节长度比例为15:10:36:27;第3、第4节各有原生感觉圈1个,缺次生感觉圈。复眼由3个小眼组成。尾片末端圆形,有毛8根,左右对称。③卵:椭圆形,浅灰色。

[生活习性]　在上海,每年11月份侨蚜迁回蚊母树上产生孤雌胎生有性蚜,有性蚜觅偶交配产卵在叶芽内越冬。蚊母树芽萌动时,卵孵化,干母刺吸叶片,使叶片产生凹陷,将干母包埋,形成瘿瘤。4月下旬至5月上旬,干母胎生有翅迁飞蚜,每干母可孤雌胎生50多头。6月上旬,瘿瘤破裂,有翅迁飞蚜飞出,迁往越夏寄主。目前尚不清楚越夏寄主种类。

[蚜虫类防治措施]

(1)烟草汁液治蚜。烟草末40 g加水1 kg,浸泡48小时后过滤制得原液,使用时加水1 kg稀释,另加洗衣粉2~3 g或肥皂液少许,搅匀后喷洒植株,有很好的效果。

(2)物理防治。利用黄板诱杀有翅蚜;或在早春季节利用黄胶带诱集无翅蚜,然后集中杀灭;或利用银白色锡纸反光作用,拒栖迁飞的蚜虫。

(3)生物防治。保护利用瓢虫、草蛉、蚜茧蜂、食蚜蝇等天敌昆虫防治蚜虫,或大量人工饲养后适时释放。另外,蚜霉菌等亦能人工培养后稀释喷施。

(4)药剂防治。尽量少用广谱触杀剂,应选用对天敌杀伤较小的、内吸和传导作用大的药物。虫口密度大时,可喷洒50%吡蚜酮可湿性粉剂2500~5000倍液、10%氟啶虫酰胺水分散粒剂2000倍液、22%氟啶虫胺腈悬浮剂5000~6000倍液、5%双丙环虫酯可分散液剂5000倍液、22.4%螺虫乙酯悬浮剂3000倍液等。

28.大青叶蝉

大青叶蝉 *Cicadella viridis*(Linnaeus,1758),又名青叶跳蝉、青叶蝉、大绿叶蝉、大绿浮尘子,属半翅目叶蝉科。

[分布与为害]　该虫分布于全国各地。为害多种草坪草与地被植物,以成虫和若虫刺吸汁液,受害叶片呈现小白斑,枝条枯死,影响生长发育,且可传播病毒病。

[识别特征]　①成虫:体长7.2~10 mm,青绿色,触角窝上方、两单眼之间有1对黑斑,复眼三角形、绿色。前翅绿色带有青蓝色泽,端部透明;后翅烟黑色,半透明。足橙黄色(图2-28)。②卵:长1.6 mm,白色微黄,中间微弯曲。③若虫:共5龄,体黄绿色,具翅芽。

[生活习性] 1年发生3~5代,以卵在木本植物的枝条皮层内越冬。翌年4月上中旬孵化,若虫孵化后常喜欢群集为害,若遇惊扰便斜行或横行,或由叶面逃至叶背,或立即跳跃而逃。5月下旬第1代成虫羽化,第2代成虫发生在7~8月间,9~11月第3代成虫出现。10月中旬开始在枝条上产卵,产卵时以产卵器刺破枝条表皮呈半月形伤口,将卵产于其中,排列整齐。成虫喜在潮湿背风处栖息,有很强的趋光性。

29. 小绿叶蝉

小绿叶蝉 *Hebata vitis*(Göthe,1875),又名小绿浮尘子、叶跳虫、响虫,属半翅目叶蝉科。

[分布与为害] 该虫分布于全国各地。为害多种草坪草与地被植物,以成虫和若虫栖息于叶背,吮吸汁液为害,初期使叶片正面呈现白色小斑点,严重时全叶苍白,早期脱落。

图 2-28 大青叶蝉成虫

[识别特征] ①成虫:体长3~4 mm,绿色或黄绿色。头略呈三角形,复眼灰褐色,无单眼。中胸小盾片中央有1横凹纹和白色斑。前翅绿色,半透明,后翅无色透明。雌成虫腹面草绿色,雄成虫腹面黄绿色(图2-29)。②卵长0.8 mm,新月形。初时乳白色半透明,孵化前淡绿色。③若虫:与成虫相似,黄绿色,具翅芽。

[生活习性] 世代数因地而异,江苏、浙江1年发生9~11代,广东12~13代,海南17代,以成虫在杂草丛中或树皮缝内越冬。在杭州,越冬成虫于3月中旬开始活动,3月下旬至4月上旬为产卵盛期,卵产于叶背主脉内,初孵若虫在叶背为害。3龄若虫长出翅芽后,善爬善跳,喜横走。全年有2次为害高峰:5月下旬至6月中旬、10月中旬至11月中旬。有世代重叠现象。成虫白天活动,无趋光性。

图 2-29 小绿叶蝉成虫、若虫与脱下的皮

30. 白边大叶蝉

白边大叶蝉 *Kolla atramentaria*(Motschulsky,1859),属半翅目叶蝉科。

[分布与为害] 该虫分布于黑龙江、吉林、辽宁、甘肃、北京、河北、山东、江苏、浙江、福建、台湾、广东、四川等地。为害多种草坪草与地被植物。

[识别特征] 成虫:体长(达翅端)约6 mm;头浓黄色,头冠区具4个大黑斑,顶端中央1个最大;复眼黑色;前胸背板、小盾片及前后翅蓝黑色至黑色,有时前胸背板和小盾片前半深黄色;前翅翅端色浅,前缘区淡黄白色(图2-30)。

[生活习性] 成虫具趋光性。

31.东方丽沫蝉

东方丽沫蝉 *Cosmoscarta abdominalis*（Donovan，1798），异名 *Cercopis heros* Fabricius，1803,属半翅目沫蝉科。

[分布与为害] 该虫分布于浙江、广东、广西、云南等南方大部分地区。为害多地被植物。

图2-30 白边大叶蝉成虫

[识别特征] ①成虫:体长14~17 mm,紫黑色至黑色,具光泽。触角短,刚毛状。喙橘黄色或红色,小盾片黄色至橘黄色。前胸背板隆起,紫黑色至黑色,被短毛。前翅加厚,黑色,翅基及3/5处各具1条黄色至橘黄色的横带。腹节橘黄色至橘红色,侧板及腹板中央有时黑色。后足胫节外侧及端部具黑色粗刺(图2-31)。②若虫:末龄若虫体长约12 mm,倒卵形,乳白色半透明。复眼深红褐色。

[生活习性] 1年发生1代,以卵在寄主枝条表皮组织中越冬。翌年5月卵开始孵化,初孵若虫喜群集于叶背或嫩茎上吸食汁液。部分汁液由肛门排出,混合腹节分泌的黏液形成泡沫。泡沫通过腹部的蠕动,覆盖若虫整个身体。随着龄期的增加,若虫逐渐分散到较粗的枝条上,泡沫量也显著增多,取食、蜕皮、羽化均在泡沫内进行。成虫、若虫均善于跳跃,遇到危险即跳跃躲避。6~7月为若虫发生高峰期,8~9月为成虫发生高峰期。

图2-31 东方丽沫蝉成虫

[叶蝉、沫蝉类防治措施]

(1)加强庭园绿地的管理,清除杂草;结合修剪,剪除有产卵伤疤的枝条。

(2)设置频振灯,诱杀成虫。

(3)保护利用各类天敌及有益微生物防治害虫。

(4)在成虫、若虫为害期,喷施50%吡蚜酮可湿性粉剂2500~5000倍液、10%氟啶虫酰胺水分散粒剂2000倍液、22%氟啶虫胺腈悬浮剂5000~6000倍液、5%双丙环虫酯可分散液剂5000倍液、22.4%螺虫乙酯悬浮剂3000倍液等防治。

32.草蝉

草蝉 *Mogannia hebes*（Walker，1858），属半翅目蝉科。

[分布与为害]　该虫分布于上海、浙江、福建、台湾、广东等地。为害芒草等禾本科植物。

[识别特征]　①成虫:雄虫体长13~15 mm,雌虫体长10~15 mm,身体覆盖金色鳞毛;体色多样,有绿色、绿褐色、黄绿色、黄褐色等,以绿色较常见。以绿色型为例,其头部为绿色,头部前方略突出,似三角形;复眼淡灰褐色,复眼旁具黑色斑点或斑纹。前胸背板棕色,前胸背板中纹及前胸缘片绿色。鼓膜外露明显,翅透明。雄虫会鸣叫,叫声尖细,鸣声为连续的"滋"音(图2-32)。②卵:白色,长椭圆形,约1.5 mm。③若虫:老熟时体长16~17 mm,黄褐色。前足大,适于挖掘,腿节腹面有6个齿,基部者较为显著,胫节末端尖而锐,具1个短棘。初龄若虫红色,前足胫节褐色。

[生活习性]　低海拔山地几乎都可以发现该虫,而且数量庞大,一般栖息在低矮的禾本科植物上。成虫出现时间为3~9月间,成虫与若虫喜欢吸食禾本科植物汁液;雌虫常将卵产于禾本科植物的中肋上,在叶面上形成1条细长的产卵带。

[防治措施]

(1)地面喷药:若虫出土前,在树下(尤其是柳树、榆树)喷洒50%辛硫磷乳油1000倍液,效果理想,还可兼治其他害虫。

(2)地上用药:成虫发生期,结合防治其他害虫,喷洒50%吡蚜酮可湿性粉剂2500~

图2-32　草蝉成虫

5000倍液、10%氟啶虫酰胺水分散粒剂2000倍液、22%氟啶虫胺腈悬浮剂5000~6000倍液、5%双丙环虫酯可分散液剂5000倍液、22.4%螺虫乙酯悬浮剂3000倍液,可杀死部分成虫。

33.斯氏珀蝽

斯氏珀蝽 *Plautia stali* Scott，1874，属半翅目蝽科。

[分布与为害]　该虫分布于吉林、辽宁、陕西、山西、甘肃、北京、河北、河南、山东、江苏、浙江、江西、福建、广东、广西、湖南、湖北、四川等地。为害荆条以及多种蔷薇科植物。

[识别特征]　①成虫：雄虫体长为8.0~11.0 mm，前胸背板宽为5.8~6.8 mm；雌虫体长为9.5~12.5 mm，前胸背板宽为6.0~7.0 mm；虫体绿色光亮，前胸背板前侧缘具黑褐色细纹，在中胸小盾片、前翅革质区和头顶具有与体同色的刻点。前翅内革片紫褐色，有些个体内革片带淡黄绿色；胸足绿色，胫节端部带黄褐色，跗节黄褐色；腹部腹板绿色，各节后侧角具边缘清晰的小黑斑。触角Ⅰ、Ⅱ节绿色，Ⅲ、Ⅳ、Ⅴ节端黑褐或褐色(图2-33a)。②卵：长0.8~0.9 mm，宽0.65~0.8 mm，卵壳表面遍生黄褐色小突起物。每卵块包含卵21~28粒，卵粒排列而成的卵块不甚整齐。卵初产时乳白色，后变暗呈污白色。③若虫：共5龄。老龄若虫前胸背板具3个黄褐色斑块，后侧角各具1淡黄褐斑，中胸小盾片具3个斑，中斑纵贯小盾片基方至端部或亚端部；前、后翅芽后缘褐色，前翅芽从基部伸出2条黑褐色纵带纹，向端部渐窄细终止于翅芽中部(图2-33b)。

[生活习性]　天津1年发生2代，推测可能以成虫越冬。初孵化若虫当天群集在卵壳上方静息数小时，遇惊动时移动片刻，2龄若虫开始分散取食，3龄若虫行动活泼、好动，4龄和5龄若虫在寄主植物上的活动性小于3龄若虫，多静栖于叶片或停留于花序上取食。7月中旬至8月上旬为第1代成虫的羽化盛期，10月中旬至11月上旬为第2代成虫的羽化盛期。成虫初羽化体色浅淡，后变为绿色。成虫对普通灯光略有趋光性。

图2-33a　斯氏珀蝽成虫　　　　　图2-33b　斯氏珀蝽若虫

34.稻棘缘蝽

稻棘缘蝽 *Cletus punctiger* (Dallas，1852)，又名稻针缘蝽、黑棘缘蝽，属半翅目缘蝽科。

[分布与为害]　该虫分布于陕西、北京、河北、河南、山东、江苏、上海、安徽、浙江、江西、福建、台湾、广东、海南、广西、湖南、湖北、四川、云南、西藏等地。为害草坪禾草的叶片、茎干及穗部,影响生长。

[识别特征]　①成虫:体长9.5~11 mm,宽2.8~3.5 mm,体黄褐色,狭长,刻点密布。头顶中央具短纵沟,头顶及前胸背板前缘具黑色小粒点,触角第1节较粗,长于第3节,第4节纺锤形。复眼褐红色,单眼红色。前胸背板多为一色,侧角细长,稍向上翘,末端黑(图2-34a)。②卵:长1.5 mm,似杏核,全体具珠泽,表面生有细密的六角形网纹,卵底中央具1圆形浅凹。③若虫:共5龄,3龄前长椭圆形,4龄后长梭形。5龄体长8~9.1 mm,宽3.1~3.4 mm,黄褐色带绿,腹部具红色毛点,前胸背板侧角明显生出,前翅芽伸达第4腹节前缘(图2-34b)。

图2-34a　稻棘缘蝽成虫

图2-34b　稻棘缘蝽若虫

[生活习性]　湖北1年发生2代,江西、浙江3代,以成虫在杂草根际处越冬,广东、云南、广西南部无越冬现象。羽化后的成虫7天后在上午10时前交配,交配后4~5天把卵产在寄主的茎、叶或穗上,多散生在叶面上,也有2~7粒排成纵列。有禾本科杂草大量发生的区域受害重。

35.赤须盲蝽

赤须盲蝽 *Trigonotylus coelestialium*(Kirkaldy, 1902),属半翅目盲蝽科。

[分布与为害]　该虫分布于黑龙江、吉林、辽宁、陕西、山西、青海、甘肃、宁夏、新疆、内蒙古、河北、河南、山东、江苏、江西、湖北、四川、云南等地。其主要以成虫、若虫刺吸为害草坪禾草。

[识别特征]　成虫:雄虫体长5~5.5 mm,雌虫体长5.5~6.0 mm。全身绿色或黄绿色。头部略呈三角形,顶端向前突出;头顶中央有1纵沟,前伸不达顶端。复眼黑色半球形,紧接前胸背板前角。触角细长,分4节,等于或略短于体长;第1节短而粗,上有短的黄色细毛;第2、3节细长,第4节最短。触角红色(图2-35)。

[生活习性] 河北1年发生3代,以卵在禾草茎、叶上越冬。3月下旬当年多年生禾草返青以后,越冬卵开始孵化,5月初为孵化盛期。第1代成虫于5月中旬开始羽化,下旬达羽化盛期。5月中下旬成虫开始交配产卵。雌虫在叶鞘上端产卵成排,第1代卵从6月上旬开始孵化。

图2-35　赤须盲蝽成虫

36.绿盲蝽

绿盲蝽 *Apolygus lucorum*（Meyer-Dür, 1843）,又名花叶虫、小臭虫、破叶疯、青色盲蝽、棉青盲蝽、棉盲蝽、天狗蝇、盲椿象、番花虫,属半翅目盲蝽科。

[分布与为害] 该虫分布于全国各地。其以成虫、若虫刺吸苜蓿、地被菊等多种地被植物的叶片、幼芽等部位,影响植物长势。

[识别特征] ①成虫:体长5 mm,宽2.2 mm,绿色,密被短毛。头部三角形,黄绿色,复眼黑色突出,无单眼;触角4节,丝状,较短,约为体长的2/3,第2节长等于第3、4节之和,向端部颜色渐深,1节黄绿色,4节黑褐色。前胸背板深绿色,布许多小黑点,前缘宽。小盾片三角形微突,黄绿色,中央具1浅纵纹。前翅膜片半透明暗灰色,余绿色。足黄绿色,股节末端、胫节色较深,后足腿节末端具褐色环斑;雌虫后足腿节较雄虫短,不超腹部末端;跗节3节,末端黑色。②卵:长1 mm,黄绿色,长口袋形,卵盖奶黄色,中央凹陷,两端突起,边缘无附属物。③若虫:5龄,与成虫相似。初孵时绿色,复眼桃红色。2龄黄褐色,3龄出现翅芽,4龄超过第1腹节;2、3、4龄触角端和足端黑褐色,5龄后全体鲜绿色,密被黑细毛;触角淡黄色,端部色渐深 (图2-36)。

图2-36　绿盲蝽若虫

[生活习性] 1年发生3代,以卵在刺槐、杨、柳等树干上有疤痕的树皮内越冬。越冬卵4月下旬开始孵化,初孵若虫借风力迁入邻近草坪内为害,5月下旬羽化为成虫,第2代若虫6月下旬出现,7月上旬第2代若虫羽化,7月下旬孵出第3代若虫。第3代成虫8月上旬羽化,从8月下旬在寄主上产卵越冬。

37.三点盲蝽

三点盲蝽 *Adelphocoris fasciaticollis* Reuter, 1903,又名三点苜蓿盲蝽,属半翅目盲蝽科。

[分布与为害]　该虫分布于东北、华北、西北等地,新疆和长江流域发生较少。为害苜蓿、草木犀、三叶草及草坪禾草,以成虫、若虫在寄主叶片及幼嫩部位刺吸汁液,使植株长势减弱。

[识别特征]　①成虫:体长7 mm左右,黄褐色。触角与身体等长。前胸背板紫色,后缘具1黑横纹,前缘具黑斑2个,小盾片及2个楔片具3个明显的黄绿三角形斑(图2-37)。②卵:长1.2 mm,茄形,浅黄色。③若虫:黄绿色,密被黑色细毛。触角第2~4节基部淡青色,有赭红色斑点。翅芽末端黑色,达腹部第4节。

[生活习性]　1年发生3代,以卵在刺槐、杨、柳等树干上有疤痕的树皮内越冬。越冬卵4月下旬开始孵化,初孵若虫借风力迁入邻近草坪内为害,5月下旬羽化为成虫;第2代若虫6月下旬出现,7月上旬第2代若虫羽化;7月下旬孵出第3代若虫。第3代成虫8月上旬羽化,从8月下旬在寄主上产卵越冬。

图2-37　三点盲蝽成虫

38.小长蝽

小长蝽 *Nysius ericae*(Schilling,1829),又名谷子小长蝽,属半翅目长蝽科。

[分布与为害]　该虫分布于华北、华东、华中、华南、河南等地。为害多种禾本科草坪草以及地被菊等植物,以成虫、若虫刺吸叶片、嫩茎等部位,影响植物长势。

[识别特征]　①成虫:体长3.9~4.8 mm,略长方形;雌体褐色,雄体黑褐色。头三角形,具黑色颗粒。触角密生灰白绒毛,第1节粗短,暗褐色;其余3节几等长,黄褐色;第4节棍棒状。前胸背板略呈方形,前有黑色粗颗粒;中胸背板和小盾片刻点褐色;侧接缘浅红色,并有小褐圆点1列。足橙黄色,被白色绒毛。前翅革质部密布灰白色短绒毛,末端有1黑色斑纹;膜片灰白,透明,上有纵脉5条,无翅室,末端超出腹末甚多(图2-38)。②卵:长椭圆形;白至黄棕色,壳上有纵脊6条。③若虫:老龄体灰

图2-38　小长蝽成虫

褐或黄绿色,胸部、翅芽有黑色毛疣。

[生活习性] 北京1年发生3代,以成虫在杂草中越冬。成虫十分活跃,善飞翔。6月至8月产卵于叶背,散产,卵期约12天。

39.角红长蝽

角红长蝽 *Lygaeus hanseni* Jakovlev,1883,又名红跑蜜,属半翅目长蝽科。

[分布与为害] 该虫分布于山西、黑龙江、吉林、辽宁、内蒙古、甘肃、宁夏、北京、河北、天津、山东等地。为害枸杞、地被月季等植物,以成虫、若虫刺吸嫩枝与叶片汁液。

[识别特征] ①成虫:体长8~10 mm,体赤色。前胸背板后部具角状黑斑,后缘中部稍向前凹入;纵脊两侧各有1个近方形的大黑斑,仅两侧端半部及中线红色。足黑色。小盾片黑色,横脊宽。前翅暗红或红色,革片和缘片中域有1黑斑,膜质部黑色,基部近小盾片末端处有1枚白斑,其前缘和外缘白色(图2-39)。②卵:长约1.2 mm,鲜红色,棒状。③若虫:红色,外部形态与成虫相似。

[生活习性] 华北地区1年发生2代,以成虫在石块下、土穴中或树洞里聚集越冬。翌春4月中旬开始活动,5月上旬交尾。第1代卵于5月底至6月中旬孵化,7~8月成虫羽化产卵。第2代卵于8月上旬至9月中旬孵化,9月中旬至11月中旬成虫羽化,11月上中旬开始越冬。成虫怕强光,以上午10时前和下午5时后取食较盛。卵成堆产于土缝里、石块下或根际附近土表,一般每堆30余粒,最多达300粒。

图2-39　角红长蝽成虫

40.杜鹃冠网蝽

杜鹃冠网蝽 *Stephanitis pyrioides*(Scott,1874),又名杜鹃网蝽,属半翅目网蝽科。

[分布与为害] 该虫分布于广东、广西、浙江、江西、福建、辽宁、台湾等省份,是杜鹃花的主要害虫。其以成虫和若虫为害叶片,吸食汁液,排泄粪便,使叶片背面呈锈黄色,叶片正面出现白色斑点(图2-40a、图2-40b),严重影响植物的光合作用,致使植物生长缓慢,提早落叶。

[识别特征] ①成虫:体小而扁平,长3~3.4 mm,黑褐色。前胸背板发达,具网状花纹,向前延伸盖住头部,向后延伸盖住小盾片,两侧伸出呈薄圆片状的侧背片。翅膜质透明,前翅布满网状花纹,两翅中间接合呈明显的"X"形花纹(图2-40c)。②卵:长0.5 mm,乳白色,稍弯曲。③若虫:共5龄。老熟若虫体扁平,体暗褐色;复眼发达,红色;头顶具3根刺突。

[生活习性] 广州1年发生10代,以成虫和若虫越冬。若虫群集性强,常集中于叶背主、侧脉附近吸食为害。成虫不善飞翔,多静伏于叶背吸食汁液,受惊则飞。卵多产于叶背主脉旁的叶组织中,上覆盖有黑色胶状物。杜鹃冠网蝽的天敌有草蛉、蜘蛛、蚂蚁等,以草蛉最为重要。

图2-40a 杜鹃冠网蝽为害叶片正面状　　图2-40b 杜鹃冠网蝽为害叶片背面状及若虫

[蝽类防治措施]

(1)加强养护。及时清除落叶和杂草,注意通风透光,创造不利于该虫的生活条件。

(2)化学防治。发生严重时可用50%吡蚜酮可湿性粉剂2500~5000倍液、10%氟啶虫酰胺水分散粒剂2000倍液、22%氟啶虫胺腈悬浮剂5000~6000倍液、5%双丙环虫酯可分散液剂5000倍液、22.4%螺虫乙酯悬浮剂3000倍液喷雾。

(3)保护和利用天敌。草蛉、蜘蛛、蚂蚁等都是蝽类的天敌,当天敌较多时,尽量不喷洒药剂,以保护天敌。

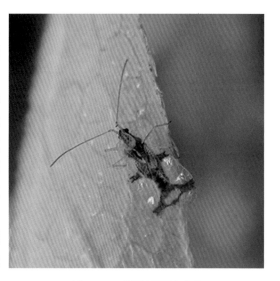

图2-40c 杜鹃冠网蝽成虫

41.麦岩螨

麦岩螨 *Petrobia Latens*(Müller,1776),又名麦长腿蜘蛛,属蛛形纲真螨目叶螨科。

[分布与为害] 该虫分布于陕西、山西、内蒙古、宁夏、新疆、河北、山东、西藏等地。为害草坪禾草、白三叶等植物,以成螨、若螨吸食寄主叶片汁液,受害叶上出现细小白点,后叶片变黄,影响其正常生长,发育不良,植株矮小,严重时造成全株干枯死亡(图2-41a)。

[识别特征] ①雌成螨:形似葫芦状,黑褐色,纺锤形,体长0.6 mm,宽约0.45 mm。体背有不太明显的指纹状斑。背刚毛短,共13对。足4对,红或橙黄色,均细长。第1对足特别发达,中垫爪状,具2列黏毛。②卵:有越夏型和非越夏型2种。越夏卵圆柱形,白

色,似倒草帽状,顶端具有星状辐射条纹。非越夏卵球形,粉红色,比越夏型小,表面有纵列条纹数十条。③若螨:共3龄。第1龄体圆形,有足3对;初为鲜红色,取食后变为暗红褐色。第2、3龄若螨有4对足,体形似成螨。

[生活习性] 河北1年发生3~4代,以成螨和卵在草坪等寄主植物的根际和土壤缝隙中以及绿地周围房屋的屋檐下越冬(图2-41b)。翌年春2月中下旬至3月上旬成虫开始活动为害,越冬卵开始孵化;4~5月草坪内虫量最多;5月中下旬后成虫产卵越夏;9月中旬越夏卵陆续孵化,为害草坪草;10月下旬以成螨和卵开始越冬。麦岩螨一般孤雌生殖,把卵产在草坪中硬土块或小石块上,成螨、若螨有一定的群集性和假死性,遇惊扰即可坠地入土潜藏。一天当中一般在太阳升起后出来活动,中午后数量最大,晚间即潜伏起来。

图2-41a　麦岩螨为害草坪禾草状

图2-41b　麦岩螨在房檐下群集越冬状

42.酢浆草岩螨

酢浆草岩螨 *Petrobia harti*(Ewing,1909),又名红花酢浆草如叶螨,属蛛形纲真螨目叶螨科。

[分布与为害] 该虫分布于上海、江苏、浙江、江西等地及北方地区保护地。其主要为害红花酢浆草等植物。

[识别特征] ①雌成螨:体椭圆形,长0.62 mm,宽0.49 mm,体深红色。背毛26根,粗壮,顶端钝圆,具锯齿,着生于粗大的突起上(图2-42)。②雄成螨:体长0.35 mm,宽0.21 mm,橘黄色。体背两侧黑斑明显。③卵:圆球形,光滑。④幼螨:体圆形,背面隐约有黑斑。足3对,橘黄色。⑤若螨:体椭圆形,体上均有黑斑。足4对,足比成螨短,前足与体长相近。

图2-42　酢浆草岩螨雌成螨及为害状

[生活习性] 1年发生10多代。在适

宜的环境条件下,尤其在高温干燥季节能快速暴发成灾。成螨、若螨常在叶片正、反两面吸取汁液,以为害叶片背面为主。被害叶片初期呈黄白色小斑点,后逐渐扩展到全叶,对生长开花均有很大影响。一般在春季、秋季有2个发生高峰期。

[螨类防治措施]

(1)加强栽培管理,及时清除园地杂草和残枝虫叶,减少虫源;改善生态环境,增加植被,为天敌创造栖息生活繁殖场所。保持通风凉爽,避免干旱及温度过高。夏季要适时浇水喷雾,尽量避免干旱或高温使害螨生存繁殖。初发生为害期,可喷清水冲洗。

(2)越冬期防治。叶螨越冬的虫口基数直接关系到翌年的虫口密度,因而必须做好有关防治工作,以杜绝虫源。对于木本植物,螨虫越冬量大时可喷3~5 °Bé的石硫合剂,杀灭在枝干上越冬的成螨。

(3)药剂防治。发现螨虫在较多叶片为害时,应及早喷药。为害早期防治,是控制后期猖獗的关键。可喷施34%螺螨酯浮剂4000倍液、25%阿维·螺螨酯浮剂5000倍液、40%联肼·螺螨酯浮剂3000倍液、21%四螨·唑螨酯悬浮剂2000倍液、20%阿维·四螨嗪悬浮剂2000倍液、25%阿维·乙螨唑悬浮剂10000倍液。喷药时,要求做到细微、均匀、周到,要喷及植株的中、下部及叶背等处,每隔10~15天喷一次,连续喷2~3次,有较好效果。

(4)生物防治。叶螨天敌种类很多,注意保护瓢虫、草蛉、小花蝽、植绥螨等天敌。

三、地下害虫

43.小地老虎

小地老虎Agrotis ipsilon(Hufnagel,1766),又名土蚕、黑地蚕、切根虫,属鳞翅目夜蛾科。

[分布与为害]　该虫国内分布普遍,严重为害地区为长江流域、东南沿海各省,在北方分布在地势低洼、地下水位较高的地区。其食性杂,幼虫为害各类园林植物的幼苗,从地面截断植株或咬食未出土幼苗,亦能咬食植物生长点,严重影响植株的正常生长。

[识别特征]　①成虫:体长18~24 mm;前翅暗褐色,肾状纹外有1尖长楔形斑,亚缘线上也有2个尖端向里的楔形斑;后翅灰白色,翅脉及边缘黑褐色,缘毛灰白色(图2-43a)。②卵:0.5~0.55 mm,半圆球形。③幼虫:老熟时体长37~50 mm,灰褐色,各节背板上有2对毛片;臀板黄褐色,有深色纵线2条(图2-43b)。④蛹:长约20 mm,赤褐色,有光泽,末端有棘2个。

[生活习性]　全国各地1年发生2~7代。关于越冬虫态问题,至今尚未完全了解清楚,一般认为以蛹或老熟幼虫越冬。发生期依地区及年度不同而异,1年中常以第1代幼虫在春季发生数量最多,造成为害最重。成虫对频振灯有强烈趋性,对糖、醋、蜜、酒等香甜物质特别嗜好,故可设置糖醋液诱杀。成虫补充营养后3~4天交配产卵,卵散产于杂草或土块上。幼虫白天潜伏于杂草或幼苗根部附近的表土干、湿层之间,夜出咬断苗茎,尤

以黎明前露水未干时更烈,把咬断的幼苗嫩茎拖入土穴内供食。当苗木木质化后,则改食嫩芽和叶片,也可把茎干端部咬断。如遇食料不足则迁移扩散为害,老熟后在土表5~6 cm深处作土室化蛹。发生影响的主要因素是土壤湿度,以15%~20%土壤含水量最为适宜,故在长江流域因雨量充沛,常年土壤湿度大而发生严重。沙土地、重黏土地发生少,沙壤土、壤土、黏壤土发生多,圃地周围杂草多亦有利其发生。

图2-43a　小地老虎成虫　　　　　　　　图2-43b　小地老虎幼虫

44.黄地老虎

黄地老虎 *Agrotis segetum*(Denis & Schiffermüller, 1775),又名土蚕、地蚕、切根虫、截虫,属鳞翅目夜蛾科。

[分布与为害] 该虫分布几乎全国各地。为害多种园林植物的幼苗。幼虫多从地面上咬断幼苗,主茎硬化时可爬到上部为害生长点。

[识别特征] ①成虫:体长14~19 mm,翅展32~43 mm,黄褐色;前翅无楔形黑斑,肾形、环形及棒形斑均明显,各横线不明显(图2-44a)。②卵:半球形,卵壳表面有纵脊纹16~20条。③幼虫:黄褐色,老熟幼虫33~43 mm;腹节背面毛片前后各2个,大小相似(图2-44b)。④蛹:体长15~20 mm,腹部5~7节刻点小而多。

图2-44a　黄地老虎雄成虫　　　　　　　图2-44b　黄地老虎幼虫

[生活习性] 东北、内蒙古1年发生2代,西北2~3代,华北3~4代,一般以4~6龄幼虫在2~15 cm深的土层中越冬,以7~10 cm最多。翌春3月上旬越冬幼虫开始活动,4月上中旬在土中作室化蛹,蛹期20~30天。华北5~6月份为害最重,黑龙江6月下旬至7月上旬为害最重。成虫昼伏夜出,具较强趋光性和趋化性。一年中春秋两季为害,但春季为害重于秋季。其习性与小地老虎相似,幼虫以3龄以后为害最重。

[地老虎类防治措施]

(1)及时清除苗床及圃地杂草,减少虫源。

(2)诱杀成虫。①在春季成虫羽化盛期,用糖醋液诱杀成虫。糖醋液配制比为糖6份、醋3份、白酒1份、水10份加适量吡虫啉等药物,盛于盆中,于近黄昏时放于苗圃地中。②用频振灯诱杀成虫。

(3)药杀幼虫。幼虫为害期,喷洒75%辛硫磷乳油1500倍液,也可将此药液喷浇苗间及根际附近的土壤;或每亩用5%二嗪磷颗粒剂2.0~3.0 kg均匀撒布距苗木根部15~20 cm的范围内,然后浇水,杀虫效果好,也可在上述距离的范围内开沟撒施,然后浇水覆土,效果更好。

(4)人工捕杀。清晨巡视苗圃,发现断苗时,刨土捕杀幼虫。

45. 东方蝼蛄

东方蝼蛄 *Gryllotalpa orientalis* Burmeister,1839,又名拉拉蛄、土狗子、地狗子、非洲蝼蛄、小蝼蛄、水狗,属直翅目蝼蛄科。

[分布与为害] 该虫在全国除新疆之外广泛分布。其食性很杂,主要以成虫、若虫为害植物幼苗的根部和靠近地面的幼茎。成虫、若虫均在土中活动,取食播下的种子、幼芽、茎基,严重的咬断,植物因而枯死。其活动的区域,常有虚土隧道。

[识别特征] ①成虫:体长30~35 mm,灰褐色,腹部色较浅,全身密布细毛。头圆锥形,触角丝状;前胸背板卵圆形,中间具1明显的暗红色长心脏形凹陷斑;前翅灰褐色,较短,仅达腹部中部,后翅扇形,较长,超过腹部末端;腹末具1对尾须(图2-45a)。前足为开掘足,后足胫节背面内侧有4个距,别于单刺蝼蛄。②卵:初产时长2.8 mm,孵化前4 mm,椭圆形;初产乳白色,后变黄褐色,孵化前暗紫色。③若虫:共8~9龄,末龄若虫体长25 mm,体形与成虫相近(图2-45b)。

[生活习性] 南方1年发生1代,北方2年发生1代,以成虫或6龄若虫越冬。翌年3月下旬开始上升至土表活动,4、5月为活动为害盛期,5月中旬开始产卵,5月下旬至6月上旬为产卵盛期。产卵前先在腐殖质较多或未腐熟的厩肥土下筑土室,然后产卵其中,每雌可产卵60~80粒。5~7天孵化,6月中旬为孵化盛期,10月下旬以后开始越冬。该虫昼伏夜出,具有趋光性,往往在灯下能诱到大量虫体,还有趋湿性和趋厩肥习性,喜在潮湿和较

图2-45a 东方蝼蛄成虫

黏的土中产卵。此外,对香甜食物嗜食。

该虫活动与土壤温湿度关系很大,土温 16~20 ℃,含水量在 22%~27% 为最适宜,所以春秋两季较活跃,雨后或灌溉后为害较重。土中大量施未腐熟的厩肥、堆肥,易导致该虫发生。

46.单刺蝼蛄

单刺蝼蛄 *Gryllotalpa unispina* Saussure,1874,又名华北蝼蛄、大蝼蛄、拉拉蛄、地拉蛄、土狗子、地狗子,属直翅目蝼蛄科。

［分布与为害］ 该虫分布于吉林、辽宁、陕西、山西、宁夏、甘肃、新疆、内蒙古、北京、河北、河南、山东、江苏、安徽、江西、湖北、西藏等地。其成虫、若虫均在土中活动,取食播下的种子、幼芽或将幼苗咬断致死,受害的根部呈乱麻状。由于该虫的

图 2-45b　东方蝼蛄成虫、卵及初孵若虫

活动将表土层窜成许多隧道(图 2-46a),使苗根脱离土壤,致使幼苗因失水而枯死,严重时造成缺苗断垄。在温室,由于气温高,其活动早,加之幼苗集中,受害更重。

［识别特征］ ①成虫:体较粗壮肥大,体长 36~56 mm;黄褐色,腹部色较浅;全身密布细毛。前胸背板甚发达,呈盾形,中央具 1 凹陷不明显的暗红色心脏形坑斑。前翅鳞片状,黄褐色,长 14~16 mm,覆盖腹部不到 1/3。后翅扇形,纵卷成尾状,超过腹部末端。前足特化为开掘足,腿节强大,内侧外缘缺刻明显;胫节宽扁坚硬,末端外侧有锐利扁齿 4个,上面 2 齿大。后中胫节背面内侧有棘 1 个或消失。腹部末端近圆筒形。②卵:椭圆形,初产时长 1.6~1.8 mm,孵化前长 2~2.8 mm。初产时乳白色有光泽,后变黄褐色,孵化前呈暗灰色。③若虫:初孵化的若虫,头胸部很细,腹部肥大;复眼浅红;全体乳白色,以后变浅黄到土黄(图 2-46b),每蜕 1 次皮,体色逐渐加深,5~6 龄以后与成虫体色基本相似。初龄若虫体长 3.6~4.0 mm,末龄若虫体长 36~40 mm。若虫共 13 龄。

［生活习性］ 3 年发生 1 代,若虫达 13 龄,于 11 月上旬以成虫及若虫越冬。翌年 3~4月份越冬成虫开始活动,6 月上旬开始产卵,6 月下旬至 7 月中旬为产卵盛期,8 月为产卵末期。卵多产在轻盐碱地,而黏土、壤土及重盐碱地较少。

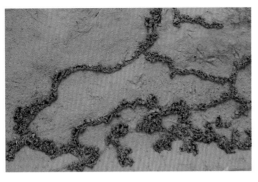

图2-46a 单刺蝼蛄形成的虚土隧道

图2-46b 单刺蝼蛄若虫

[蝼蛄类防治措施]

(1)施用厩肥、堆肥等有机肥料要充分腐熟,可减少蝼蛄的产卵。

(2)灯光诱杀成虫。在闷热天气、雨前的夜晚灯光诱杀非常有效,一般在晚上7:00~10:00进行。

(3)毒饵诱杀。用80%敌敌畏乳油或50%辛硫磷乳油0.5 kg拌入50 kg煮至半熟或炒香的饵料(麦麸、米糠等)中作毒饵,傍晚均匀撒于苗床上。但要注意防止畜、禽误食。

(4)土壤处理。在受害植株根际或苗床浇灌50%辛硫磷乳油1000倍液;或每亩用5%二嗪磷颗粒剂2.0~3.0 kg均匀撒布距苗木根部15~20 cm的范围内,然后浇水,杀虫效果好,也可在上述距离的范围内开沟撒施,然后浇水覆土,效果更好。

47.华北大黑鳃金龟

华北大黑鳃金龟 *Holotrichia oblita*(Faldermann,1835),属鞘翅目金龟科。

[分布与为害] 该虫分布于辽宁、陕西、山西、甘肃、宁夏、内蒙古、北京、河北、河南、山东、江苏、安徽、浙江、江西等地。为害草坪禾草与地被植物。

[识别特征] ①成虫:体长16~21 mm,宽8~11 mm;黑褐或黑色,有光泽;前胸背板宽度不到长度的2倍,上有许多刻点,侧缘中部向外突出;鞘翅各具明显纵肋4条,会合处缝肋显著;前足胫节外缘齿3个,中、后足胫节末端具端距2个,爪为双爪式,中部有垂直分裂的爪齿1个;后足胫节中段有1完整具刺的横脊(图2-47a)。②卵:乳白色,卵圆形,平均长为2.5 mm,宽1.5 mm。③幼虫:体乳白色,3龄体长约31 mm;头部前每侧顶

图2-47a 华北大黑鳃金龟成虫

毛3根,成一纵行,其中位于冠缝两侧的2根彼此紧靠,另1根则接近额缝的中部;臀节腹面只有散乱钩状毛群,由肛门孔向前伸到臀节腹面前部1/3处(图2-47b)。④蛹:体黄色至红褐色,长20 mm(图2-47c)。

图2-47b　华北大黑鳃金龟幼虫　　　　　图2-47c　华北大黑鳃金龟蛹

　　[生活习性]　北京2年完成1代,以成虫及幼虫越冬。成虫发生有大小年之分,逢奇数年发生量大。越冬成虫4月末至5月中旬开始出土,盛期在5月中下旬至6月初,始期至盛期为10~11天。成虫末期可延到8月下旬。每日约17时成虫开始出土活动,20~21时活动最盛,到凌晨2时相继入土潜伏。成虫有趋光性,卵一般散产于表土中,平均产卵量为102粒,卵期15~22天。7月中下旬为孵化盛期。幼虫3龄,当10 cm深土温降至12 ℃以下时,即下迁至0.5~1.5 m处作土室越冬。

48.铜绿异丽金龟

　　铜绿异丽金龟 *Anomala corpulenta* Motschulsky,1853,又名铜绿丽金龟、铜绿金龟子、青金龟子、淡绿金龟子,属鞘翅目金龟科。

　　[分布与为害]　该虫分布于黑龙江、吉林、辽宁、陕西、山西、甘肃、宁夏、内蒙古、河北、北京、河南、山东、江苏、安徽、浙江、江西、湖南、湖北、四川等地。为害草坪禾草与地被植物。

　　[识别特征]　①成虫:体长15~18 mm,宽8~10 mm,背面铜绿色,有光泽。头部较大,深铜绿色;前胸背板为闪光绿色,密布刻点,两侧边缘有黄边;鞘翅为黄铜绿色,有光泽(图2-48)。②卵:白色,初产时为长椭圆形,以后逐渐膨大至近球形。③幼虫:中型,体长30 mm左右;头部暗黄色,近圆形。④蛹:椭圆形,长约18 mm,略扁,土黄色。

　　[生活习性]　1年发生1代,以3龄幼虫在土中越冬。翌年5月开始化蛹,成虫一般在6~7月出现。5、6月份雨量充沛时,成虫羽化出土较早,盛发期提前。成虫昼伏夜出,闷热无雨的夜晚活动最盛。成虫有假死性和趋光性,食性杂,食量大,被害叶呈孔洞缺刻状。卵散产,多产于5~6 cm深土壤中。幼虫主要为害根系。1、2龄幼虫多出现在7、8月份,食量较小;9月份后大部分变为3龄,食量猛增;11月份进入越冬状态,越冬后又继续为害到

5月。幼虫一般在清晨和黄昏由深处爬到表层,咬食近地面的基部、主根和侧根。

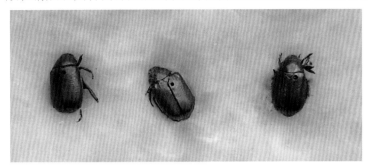

图2-48　铜绿异丽金龟成虫

49.黑绒金龟

黑绒金龟 *Maladera orientalis*(Motschulsky,1857),又名天鹅绒金龟子、姬天鹅绒金龟子、黑绒腮金龟子、东方金龟子、东方绢金龟,属鞘翅目金龟科。

[分布与为害]　该虫分布于吉林、辽宁、山西、宁夏、甘肃、内蒙古、河北、河南、山东、江苏、安徽、浙江、福建、台湾、广东、海南、湖南、湖北等地。为害草坪禾草与地被植物。

[识别特征]　①成虫:体长6~9 mm;卵圆形,前窄后宽;初羽化时为褐色,以后逐渐变成黑褐色或黑色,体表具丝绒状光泽;触角9节,少数10节,鳃部3节,雄虫鳃部长,约为前5节之和的2倍长;胸部腹板密被绒毛,腹部每节腹板具1排毛(图2-49a)。②卵:椭圆形,长1.2 mm,乳白色,光滑(图2-49b)。③幼虫:乳白色,3龄幼虫体长14~16 mm,头宽2.7 mm左右(图2-49c)。④蛹:长8 mm,黄褐色,复眼朱红色。

图2-49a　黑绒金龟成虫

图2-49b　黑绒金龟卵

[金龟甲类防治措施]

(1)消灭成虫

①金龟子一般都有假死性,可于早晚气温不太高时震落捕杀。

②夜出性金龟子大多数都有趋光性,可设置频振灯诱杀。

③成虫发生盛期(应避开花期)可喷洒5%甲维盐水分散粒剂3000~5000倍液、24%

氰氟虫腙悬浮剂600~800倍液、10%溴氰虫酰胺可分散油悬乳剂1500~2000倍液、10.5%三氟甲吡醚乳油3000~4000倍液、20%甲维·茚虫威悬浮剂2000倍液等。

（2）除治蛴螬

①加强苗圃管理，圃地勿用未腐熟的有机肥或将杀虫剂与堆肥混合施用；冬季翻耕，将越冬虫体翻至土表冻死。

②药剂防治。草坪修剪2~3天内，

图2-49c　黑绒金龟初孵幼虫

按照每亩施用5%二嗪磷颗粒剂2.2 kg的量，将其均匀撒施草坪，然后浇水；若采用喷水方式，效果会更好。

③土壤含水量过大或被水久淹，蛴螬数量会下降，可于11月前后冬灌，或于5月上中旬生长期间适时浇灌大水，均可减轻为害。

50.沟线角叩甲

沟线角叩甲 *Pleonomus canaliculatus* (Faldermann, 1835)，又名沟线须叩甲、沟金针虫、沟叩头虫、沟叩头甲、土蚰蜒、茇茇虫、钢丝虫、铁丝虫、姜虫、金齿耙，属鞘翅目叩甲科。

[分布与为害]　该虫分布于黑龙江、吉林、辽宁、陕西、山西、内蒙古、甘肃、青海、北京、河北、河南、山东、江苏、安徽、浙江、广西、湖北、贵州等地。其以幼虫在土中取食播种下的种子、萌出的幼芽、花苗的根部，致使植物枯萎致死，造成缺苗断垄，甚至全部毁种。

[识别特征]　①成虫：雌雄异形。体长14~18 mm。雄虫体细瘦，暗棕色，密被黄白色细毛；触角12节，长达鞘翅末端；鞘翅具明显的纵沟，长约是前胸的5倍。雌虫体较宽，鞘翅上纵沟不明显，长约是前胸的4倍（图2-50a）。②卵：椭圆形，长径0.7 mm，短径0.6 mm，乳白色。③幼虫：老龄时体长20~30 mm，金黄色；体背有1条细纵沟；尾节深褐色，末端有2个分叉（图2-50b）。④蛹：体长15~20 mm，宽3.5~4.5 mm。雄虫蛹略小，末端瘦削，有棘状突起。

[生活习性]　3年发生1代，幼虫期长，老熟幼虫于8月下旬在16~20 cm深的土层内作土室化蛹；蛹期12~20天，成虫羽化后在原蛹室越冬。翌年春天开始活动，4~5月为活动盛期。成虫在夜晚活动、交配，产卵于3~7 cm深的土层中，卵期35天。成虫具假死性。幼虫于3月下旬10 cm地温5.7~6.7 ℃时开始活动，4月份是为害盛期。夏季温度高时，沟金针虫垂直向土壤深层移动，秋季又重新上升为害。

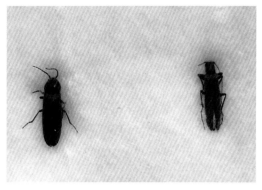

图2-50a 沟金针虫的雌成虫(左)与雄成虫(右)　　　图2-50b 沟金针虫幼虫

51.筛胸梳爪叩甲

筛胸梳爪叩甲 *Melanotus cribricollis* (Faldermann, 1835), 属鞘翅目叩甲科。

[分布与为害] 该虫分布于陕西、山西、甘肃、内蒙古、北京、河北、山东、上海、浙江、江西、福建、湖北、广东、广西、四川等地。为害地被竹类,主要以幼虫取食竹笋。

[识别特征] 成虫体长16~18 mm。体黑色,被灰白色细短毛。触角短,不达前胸基部。前胸背板两侧稍弧形,背面刻点明显,两侧更粗密,后角长,具1条明显的纵脊。小盾片近于正方形。鞘翅具明显的刻点列,两侧平行,在端1/3处变狭,鞘翅长约为前胸(包括后角)的2倍(图2-51)。

图2-51 筛胸梳爪叩甲成虫

[生活习性] 浙江4~5年发生1代,以成虫及各龄幼虫越冬。4月下旬至6月底为成虫羽化期,5月中旬为羽化盛期;2~3月越冬幼虫开始活动,4月中下旬为活动盛期;6~8月幼虫进入越夏期,活动减少;9月气温下降,又开始活动;11月进入越冬期。7月底至8月上旬,4年生幼虫老熟结土茧化蛹,蛹约经25天羽化为成虫越冬。成虫具趋光性。

52.曲牙土天牛

曲牙土天牛 *Dorysthenes hydropicus* Pascoe, 1857,又名曲牙锯天牛,属鞘翅目天牛科。

[分布与为害] 该虫分布于我国陕西、甘肃、内蒙古、河北、河南、山东、江苏、浙江、台湾、湖北、湖南、江西、贵州、广西、广东等地。其主要以幼虫为害狗牙根、细叶芒(图2-52a、图2-52b、图2-52c)等植物的根系,造成地上部植株叶黄枯萎。

[识别特征] ①成虫:体棕栗色;触角11节,基瘤宽大,第4~10节的外端角突出,呈宽锯状;雄虫体长25~63 mm,触角长于或近于体长;雌虫体长33~60 mm,触角短于体长。前胸背板宽大于长,两侧各具3枚刺突,以中刺突最长;鞘翅表面有2~3条较浅的纵隆线,

颜色浅于鞘翅。胸部中间有1条浅的细纵沟,两侧各有1条纵浅隆线,两边中区微隆起,宽于外侧;胸部(雄虫中胸无)密生浅于体色的细毛;腹部分5节。雌虫生殖器末端微露,有棕色细毛,雄虫腹部末端节微凹。3对足,第3跗节两叶端部呈锯状,前缘有2枚棕色短刺。②卵:长椭圆形,长3~3.5 mm,宽1~1.5 mm。初产为乳白色,孵化前为灰白色。③幼虫:初孵幼虫体长3~3.5 mm,老熟幼虫体长70~96 mm;初孵时体色为乳白色,有白色细毛,老熟后为蜡黄色;前胸背板前半部有2条淡色横带,后半部分有1块略隆起的"凸"字形,上面布有粒状斑点;中胸腹面及腹部背腹两面第1~7节均具"曰"字形的步泡突(图2-52d、图2-52e)。④蛹:裸蛹,长30~50 mm,初化蛹为乳白色,后期淡黄色,羽化前上颚为棕栗色,体淡棕色。

图2-52a　曲牙土天牛为害细叶芒状

图2-52b　曲牙土天牛为害细叶芒状

图2-52c　曲牙土天牛为害细叶芒状

图2-52d　曲牙土天牛幼虫

[生活习性]　广东地区1~2年发生1代,以幼虫在植物根部或根部附近泥土中越冬。翌年3月底至4月初老熟幼虫作蛹室化蛹;成虫羽化期为4月底至6月中下旬,4月底至5月初开始羽化,5月下旬为羽化盛期。该虫的卵、幼虫、蛹均在土中活动,卵孵化后幼虫立即在土中寻找啃食寄主植物的细嫩根;随着虫龄增加,食量逐渐增大并转移至寄主主根。成虫一般在夜间交尾、产卵,卵散产于1~3 cm土中。成虫具有强趋光性。

[叩甲、土天牛类防治措施]

(1)食物诱杀。利用金针虫喜食甘薯、土豆、萝卜等习性,在发生较多的地方,每隔一段挖一小坑,将上述食物切成细丝放入坑中,上面覆盖草屑,可以大量诱集,然后每日或隔日检查捕杀。

(2)草坪地被植物建植前,彻底翻耕土地,检出成虫或幼虫。

(3)药物防治。用50%辛硫磷乳油1000倍液喷浇苗间及根际附近的土壤;或每亩用5%二嗪磷颗粒剂2.0~3.0 kg均匀撒

图2-52e 曲牙土天牛幼虫

布距苗木根部15~20 cm的范围内,然后浇水,杀虫效果好,也可在上述距离的范围内开沟撒施,然后浇水覆土,效果更好。

(4)毒饵诱杀。用豆饼碎渣、麦麸等16份,拌和90%晶体敌百虫1份,制成毒饵,具体用量为15~25 kg/hm²。

53.参环毛蚓

参环毛蚓 *Pheretima aspergillum* (E.Perrier,1872),属环节动物门寡毛纲后孔寡毛目钜蚓科。

[分布与为害] 该虫分布于华北南部、华东及华南地区,尤以福建、广东、广西发生为害严重。其生活于草坪土壤中,取食土壤中的有机质、草坪草枯叶、枯根等,夜间爬出,将粪便排泄在地面上,形成许多凹凸不平的小土堆,影响草坪美观(图2-53a、图2-53b)。

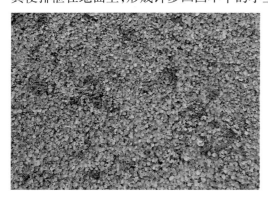

图2-53a 参环毛蚓为害马蹄金草坪状

图2-53b 参环毛蚓为害禾本科草坪状

[识别特征] 成体:一般体长40~47 mm,宽10~14 mm。体节数为120~169节,平均在145节左右。身体圆筒状,腹方稍扁平,前端逐渐尖细,后端较浑圆。刚毛数目甚多,除前端第1节和后端3节外,每节中间都有1环数目甚多的刚毛。口在前端,有甚发达的口前叶,可不断伸缩,借以钻穿泥土。背孔位于节与节间的背方中央,从第1~12节起皆有

之。背孔通体腔,能排出体腔液,借以润滑皮肤,减小摩擦损伤,又有利于体表呼吸的进行。受精囊孔2对,位于腹面第7~8、8~9节间沟内。雄性生殖孔1对,在第18体节的腹侧面,每个雄性生殖孔周围约有10个副性腺的开口。雌性生殖孔1个,在第14节的腹面。第14~16节可分泌戒指状的蛋白质管,环绕着这3个体节。因此,这3节具环带,又称生殖带(图2-53c)。

图2-53c　参环毛蚓成体

[生活习性]　雌雄同体,异体受精。再生能力强,横切成2段可再生出头部或尾部。白天蛰居于泥土内,夜晚爬出地面,以地面落叶和其他腐殖质为食;夜间经常将前端钻入土内,后端伸出地面,将粪便(其实主要是泥土)排在地面上,成疏散的"蚓粪",使草坪表面出现许多凹凸不平的小土堆,很不美观,黎明即钻入土内。在春夏多雨的时候,白天也经常爬出地面。蚯蚓虽然有松土的作用,并能使土壤疏松和肥沃,但是草坪中蚯蚓达到一定数量后,就会造成为害并破坏草坪景观,损伤草根,甚至引起草坪退化。

[防治措施]

(1)人工防治。蚯蚓怕水淹,可在大雨或大水漫灌后,待其爬出地面时及时清除(或放鸭取食)。

(2)药剂防治。每亩将5%二嗪磷颗粒剂2 kg左右,拌入细土10 kg左右,均匀撒施草坪;用药后遇雨或喷灌浇水,效果更好。

第三章　草坪地被植物常见杂草

一、禾草类杂草

1.牛筋草

牛筋草 *Eleusine indica*(L.) Gaertn.，又名拖倒驴、蹲倒驴、蟋蟀草、路边草、鸭脚草、牛顿草、千人踏，属禾本科。

[分布范围]　该草分布于全国各地，以黄河流域、长江流域及其以南地区发生较多。

[识别特征]　①根：根系发达、须状。②茎：秆压扁，自基部分枝，斜升或偃卧，秆与叶强韧不易拔断，高15~90 cm。③叶：叶鞘压扁，有脊，无毛或疏生疣毛，鞘口具柔毛；叶舌长约1 mm；叶片平展，线形，长10~15 cm，宽3~5 cm，无毛或上面常具有疣基的柔毛。④花：穗状花序2~7个，指状着生于秆顶，长3~10 cm，宽3~5 mm；小穗有3~6小花，长4~7 mm，宽2~3 mm；颖披针形，具脊，脊上粗糙；第1颖长1.5~2 mm，第2颖长2~3 mm；第1外稃长3~4 mm，卵形，膜质具脊，脊上有狭翼，内稃短于外稃，具2脊，脊上具狭翼。⑤果：囊果卵形，长约1.5 mm，基部下凹，具明显的波状皱纹，鳞皮2，折叠，具5脉。⑥幼苗：全株扁平状，无毛；胚芽鞘透明膜质；第1片真叶呈带状披针形，先端急尖，直出平行脉，叶鞘向内对折具脊，有环状叶舌，但无叶耳；第2、第3片真叶与第1片真叶基本相似(图3-1a、图3-1b)。

图3-1a　牛筋草幼苗　　　　　　**图3-1b　牛筋草成株**

[发生特点]　一年生草本,花果期6~10月,以种子繁殖。性喜高温高湿,适生于向阳湿润环境。为播种草坪建植期较难防除的杂草之一。

2. 马唐

马唐 *Digitaria sanguinalis*（Linn.）Scop.,又名爬蔓子草、抓地草、大抓根草、秧子草、须草、指草、叉子草、鸡爪草,属禾本科。

[分布范围]　该草分布于全国各地,以秦岭、淮河以北地区发生面积大。

[识别特征]　①茎:秆基部常倾斜或横卧,着土后节易生根,高40~100 cm,径2~3 mm。②叶:鞘常疏生有疣基的软毛,稀无毛;叶舌长1~3 mm,叶片线状披针形,长8~17 cm,宽5~15 mm,两面疏被软毛或无毛,边缘变厚而粗糙。③花:总状花序细弱,3~10枚,长5~15 cm,通常成指状排列于秆顶,穗轴宽约1 mm,中肋白色,约占宽度的1/3;小穗长3~3.5 mm,披针形,双生穗轴各节,一有长柄,一有极短的柄或几无柄;第1颖钝三角形,长约0.2 mm,无脉;第2颖长为小穗的1/2~3/4,狭窄,有很不明显的3脉,脉间及边缘大多具短纤毛;第1外稃与小穗等长,有5~7脉,中央3脉明显,脉间距离较宽而无毛,侧膜甚接近,有时不明显,无毛或于脉间贴生柔毛;第2外稃近革质,灰绿色,等长于第1外稃;花药长约1 mm。④幼苗:深绿色,密被柔毛;第1片真叶长6~8 mm,有一狭窄环状而顶端齿裂的叶舌,叶缘具长睫毛;叶鞘和叶片均密被长毛,边缘稍粗糙(图3-2a、图3-2b)。

图3-2a　马唐幼苗　　　　　　　　图3-2b　马唐成株及为害草坪状

[发生特点]　一年生草本,花果期6~11月,以种子繁殖。性喜高温高湿,适生于向阳湿润环境。为播种草坪建植期较难防除的杂草之一。

3. 狗尾草

狗尾草 *Setaria viridis*（L.）Beauv.,又名绿狗尾草、狗毛草、莠、狗尾巴草、毛毛狗、狐尾,属禾本科。

[分布范围]　该草分布于全国各地。

[识别特征]　①茎:株高30~100 cm,秆疏丛生,直立或基部膝曲上升。②叶:叶片条状披针形;叶鞘松弛,光滑,鞘口有毛;叶舌毛状。③花:圆锥花序呈圆柱状,直立或稍弯垂,刚毛绿色或变紫色;小穗椭圆形,长2~2.5 mm,2至数枚簇生,成熟后与刚毛分离而脱落;第1颖卵形,长约为小穗的1/3;第2颖与小穗近等长;第1外稃与小穗等长,具5~7脉;

内稃狭窄。④果:颖果椭圆形,腹面略扁平。⑤幼苗:第1叶倒披针状椭圆形,先端锐尖,绿色,无毛,叶片近地面,斜向上伸出;第2~3叶狭倒披针形,先端尖;叶舌毛状,叶鞘无毛,被绿色粗毛;叶耳处有紫红色斑(图3-3a、图3-3b)。

图3-3a　狗尾草幼苗

图3-3b　狗尾草结果株及为害草坪状

[发生特点]　一年生草本,花果期7~11月,以种子繁殖。适应性强,性喜高温,为播种草坪建植期较难防除的杂草之一。

4.稗

稗 *Echinochloa crusgalli*(L.)Beauv.,又名芒旱稗、水田草、水稗草、稗草、扁扁草、稗子、野稗,属禾本科。

[分布范围]　该草分布于全国各地。

[识别特征]　①茎:秆丛生,基部膝曲或直立,株高50~130 cm。②叶:叶片条形,无毛;叶鞘光滑无叶舌。③花:圆锥花序稍开展,直立或弯曲;总状花序常有分枝,斜上或贴生;小穗有2个卵圆形的花,长约3 mm,具硬疣毛,密集在穗轴的一侧;颖有3~5脉;第1外稃有5~7脉,先端具5~30 mm的芒;第2外稃先端具小尖头,粗糙。④果:颖果米黄色,卵形。⑤种子:卵状,椭圆形,黄褐色。⑥幼苗:第1片真叶线状披针形,叶片与叶鞘间的分界不显,亦无叶耳、叶舌(图3-4a、图3-4b、图3-4c)。

图3-4a　稗花序

[发生特点]　一年生草本,花果期8~10月,以种子繁殖。多生于较为湿润的区域,在较干旱的土地上茎亦可分散贴地生长。为播种草坪建植期较难防除的杂草之一。

图3-4b 稗幼苗

图3-4c 稗幼株及为害草坪状

5.看麦娘

看麦娘 *Alopecurus aequalis* Sobol.,又名麦娘娘、棒槌草、牛头猛、山高粱、路边谷、道旁谷、油草,属禾本科。

[分布范围] 该草主要分布于中南各省。

[识别特征] ①茎:秆少数丛生,细瘦,光滑,节处常膝曲,高15~40 cm。②叶:叶鞘光滑,短于节间;叶舌膜质,长2~5 mm;叶片扁平,长3~10 cm,宽2~6 mm。③花:圆锥花序圆柱状,灰绿色,长2~7 cm,宽3~6 mm;小穗椭圆形或卵状椭圆形,长2~3 mm;颖膜质,基部互相联合,具3脉,脊上有细纤毛,侧脉下部有短毛;外稃膜质,先端钝,等大或稍长于颖,下部边缘相连合,芒长1.5~3.5 mm,约于稃体下部1/4处伸出,隐藏或外露;花药橙黄色,长0.5~0.8 mm。④果:颖果长约1 mm。⑤幼苗:第1幼叶片线形,先端钝,长10~15 mm,绿色,无毛;第2、第3叶片线形,先端锐尖,长18~22 mm,叶舌薄膜质(图3-5a、图3-5b)。

图3-5a 看麦娘幼苗

图3-5b 看麦娘成株

[发生特点] 越年生或一年生草本,花果期4~6月,以种子繁殖,以幼苗或种子越冬。

适生于潮湿环境。

6.野燕麦

野燕麦 *Avena fatua* L.,又名铃铛麦、燕麦草、香草,属禾本科。

[分布范围]　该草分布于全国各地,以西北、东北地区为害重。

[识别特征]　①根:须根较坚韧。②茎:秆直立,光滑,高 60~120 cm,具 2~4 节。③叶:叶鞘松弛;叶舌透明膜质,长 1~5 mm;叶片扁平,宽 4~12 mm。④花:圆锥花序开展,金字塔状,分枝具角棱,粗糙;小穗长 18~25 mm,含 2~3 个小花,其柄弯曲下垂,顶端膨胀;小穗轴节间,密生淡棕色或白色硬毛,颖卵状或长圆状披针形,草质,常具 9 脉,边缘白色膜质,先端长渐尖;外稃质地坚硬,具 5 脉,内稃与外稃近等长;芒从稃体中部稍下处伸出,长 2~4 cm,膝曲并扭转。⑤果:颖果被淡棕色柔毛,腹面具纵沟,不易与稃片分离,长 6~8 mm。⑥幼苗:叶片初生时卷成筒状,叶片细长,扁平,略扭曲,两面均疏生柔毛,叶缘有倒生短毛;叶舌较短,透明膜质;叶鞘具短柔毛及稀疏长纤毛(图 3-6a、图 3-6b、图 3-6c、图 3-6d)。

图 3-6a　野燕麦幼株

图 3-6b　野燕麦成株

图 3-6c　野燕麦开花株

图 3-6d　野燕麦花序

[发生特点]　越年生或一年生草本,花果期 5~6 月,以种子繁殖,以幼苗或种子越冬。适生于旱地。为草坪与地被植物区域常见杂草,为害不重。

7.虎尾草

虎尾草 *Chloris virgata* Swartz.，又名草鼓墩儿、棒槌草、刷子草、盘草，属禾本科。

[分布范围]　该草分布于全国各地。

[识别特征]　①根：须根，较细。②茎：秆稍扁，基部膝曲，节着地可生不定根，丛生，高 10~60 cm。③叶：叶鞘松弛，肿胀而包裹花序；叶片扁平，长 5~25 cm，宽 3~6 mm。④花：穗状圆锥花序顶生及腋生，长 2.5~3.5 cm，外密被白色卷曲短柔毛，由密集多花的聚伞花序组成，花序梗长约 2 mm，最初被白色绵毛，以后渐变少毛；萼齿 5，卵形，近相等，长约为花萼长之 1/3，果时花萼直立，增大，长约 4 mm；花冠淡紫或紫色，长 6~7 mm，外面被疏柔毛，冠筒基部具浅囊状突起；雄蕊 4，内藏；花柱有时略伸出。⑤果：小坚果卵形，极小，污黄色。⑥幼苗：铺散成盘状，绿色或暗绿色，基部淡紫红色，压扁；第 1 叶长 6~8 mm，叶下面多毛，叶鞘边缘膜质，有毛，叶舌极短（图 3-7a、图 3-7b）。

[发生特点]　一年生草本，花期 6~7 月，果期 7~9 月，以种子繁殖。适应性强，耐干旱、耐瘠薄。为草坪与地被植物区域常见杂草，为害不重。

图 3-7a　虎尾草幼株

图 3-7b　虎尾草结果株

8.纤毛鹅观草

纤毛鹅观草 *Roegneria ciliaris*（Trin.）Nevski，又名北鹅观草、缘毛鹅观草、短芒鹅观草、纤毛披碱草、日本纤毛草，属禾本科。

[分布范围]　该草分布于全国各地。

[识别特征]　①根：须状。②茎：株高 40~80 cm，秆单生或成疏丛，直立，平滑无毛，常被白粉，具 3~4 节，基部的节呈膝曲状。③叶：叶鞘平滑无毛，除上部两叶鞘外，余均较节间为长；叶片扁平，两面均无毛，边缘粗糙。④花：穗状花序直立或稍下垂，长 10~20 cm；穗轴节间边缘粗糙，有 7~10 小花；小穗轴节间贴生短毛，颖椭圆状披针形，先端具短尖头，两侧或一边常具齿，具 5~7 脉，边缘与边脉上具纤毛；外稃披针形兼矩形，背部被粗毛，边缘具有长硬的纤毛，上部具有明显的 5 脉，通常在顶端两侧或其一侧具齿，基盘两侧及腹面具极短的毛；第 1 外稃顶端延伸成芒，芒向后反曲，粗糙内稃长圆状倒卵形，先端钝头，

脊的上部具有少许短小纤毛;内稃与颖果贴生,不易分离。⑤果:颖果长约 5 mm,宽约 1.4 mm,棕褐色,顶端钝圆,具乳黄色或黄色的茸毛;腹面具沟,胚倒卵形,色与颖果相同(图 3-8a、图 3-8b)。

图 3-8a　纤毛鹅观草抽穗开花株　　　　图 3-8b　纤毛鹅观草果穗及为害地被石竹状

[发生特点]　多年生草本,花果期 4~6 月,以种子繁殖为主。为草坪及地被植物区域的常见杂草,为害不重。

9.画眉草

画眉草 *Eragrostis pilosa* (L.) Beauv.,又名星星草、蚊子草,属禾本科。

[分布范围]　该草分布于全国各地。

[识别特征]　①茎:秆丛生,直立或基部膝曲,高 15~60 cm,径 1.5~2.5 mm,通常具 4 节,光滑。②叶:叶鞘松裹茎,长于或短于节间,扁压,鞘缘近膜质,鞘口有长柔毛;叶舌为一圈纤毛,长约 0.5 mm;叶片线形扁平或卷缩,长 6~20 cm,宽 2~3 mm,无毛。③花:圆锥花序开展或紧缩,长 10~25 cm,宽 2~10 cm,分枝单生,簇生或轮生,多直立向上,腋间有长柔毛;小穗具柄,长 3~10 mm,宽 1~1.5 mm,含 4~14 小花;颖为膜质,披针形,先端渐尖;第 1 颖长约 1 mm,无脉;第 2 颖长约 1.5 mm,具 1 脉;第 1 外稃长约 1.8 mm,广卵形,先端尖,具 3 脉;内稃长约 1.5 mm,稍作弓形弯曲,脊上有纤毛,迟落或宿存;雄蕊 3 枚,花药长约 0.3 mm。④果:颖果长圆形,长约 0.8 mm。⑤幼苗:细弱,第 1 叶长 4 cm 左右,自第 2 叶渐长,自第 5 叶开始出现分蘖(图 3-9a、图 3-9b)。

[发生特点]　一年生草本,新鲜时有臭腥味。花果期 8~10 月,以种子繁殖。喜温暖气候和向阳环境。为草坪及地被植物区域的常见杂草,为害不重。

图3-9a　画眉草幼株　　　　　　　　　图3-9b　画眉草成株

10.白茅

白茅 *Imperata cylindrica* (L.) Beauv. var. *major*(Nees) C.E.Hubb.,又名茅根、茅草、茅针,属禾本科。

[分布范围]　该草分布于全国,尤以黄河流域以南地区发生较多。

[识别特征]　①根状茎:有长匍匐茎横卧地下,蔓延很广,黄白色,节具有鳞片和不定根,有甜味。②地上茎:秆丛生,直立,高30~90 cm,具2~3节,节上有长4~10 mm的柔毛。③叶:多丛集基部;叶鞘无毛,或上部及边缘和鞘口具纤毛,老时基部或破碎呈纤维状;叶舌干膜质,钝头,长约1 mm;叶片线形或线状披针形,先端渐尖,基部渐狭,根生叶长,几与植株相等,茎生叶较短。④花:圆锥花序柱状,长5~20 cm,宽1.5~3 cm,分枝短缩密集;小穗披针形或长圆形,长3~4 mm,基部密生长10~15 mm之丝状柔毛,具长短不等的小穗柄;两颖相等或第1颖稍短,除背面下部略呈草质外,余均膜质,边缘具纤毛,背面疏生丝状柔毛,第1颖较狭,具3~4脉,第2颖较宽,具4~6脉;第1外稃卵状长圆形,长约1.5 mm,先端钝,内稃缺如;第2外稃披针形,长1.2 mm,先端尖,两侧略呈细齿状;内稃长约1.2 mm,宽约1.5 mm,先端截平,具尖钝大小不同的数齿;雄蕊2,花药黄色,长约3 mm;柱头2枚,深紫色。⑤果:颖果椭圆形,长约1 mm。⑥幼苗:第1片真叶线状披针形,边缘略粗糙,中脉显著,略带紫色;叶舌干膜质,叶鞘和叶片有不明显交接区(图3-10a、图3-10b、图3-10c、图3-10d)。

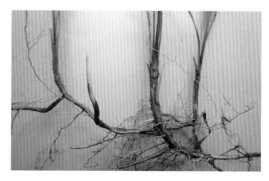

图3-10a　白茅幼苗　　　　　　　　　图3-10b　白茅根状茎

| 图3-10c　白茅开花状 | 图3-10d　白茅为害三叶草状 |

[发生特点]　多年生草本,花期夏秋季,颖果,多以根状茎繁殖,也可以种子繁殖。适应性强,耐荫、耐瘠薄和干旱。在管理粗放的草坪及地被植物区域常常形成小的群落。

11.芦苇

芦苇 *Phragmites communis* Trin.,又名芦根、芦柴,属禾本科。

[分布范围]　该草几乎分布全国,尤以北方低洼地发生普遍。

[识别特征]　①根状茎:生长于地下,匍匐状,发达。②地上茎:茎秆直立,秆高1~3m,节下常生白粉。③叶:叶鞘圆筒形,无毛或有细毛;叶舌有毛,叶片长线形或长披针形,排列成两行;叶长15~45 cm,宽1~3.5 cm。④花:圆锥花序分枝稠密,斜向伸展,花序长10~40 cm,小穗有小花4~7朵;颖有3脉,第1颖短小,第2颖略长;第1小花多为雄性,余两性;第2外颖先端长渐尖,基盘的长丝状柔毛长6~12 mm;内稃长约4 mm,脊上粗糙。⑤果:颖果,长约1.5 mm(图3-11a、图3-11b、图3-11c)。

图3-11a　芦苇幼苗

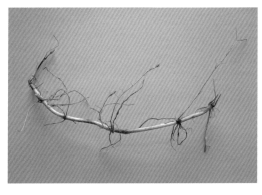

图3-11b　芦苇根状茎

图3-11c　芦苇为害草坪状

［发生特点］ 多年生草本,花期夏秋季,多以根状茎繁殖,也可以种子繁殖。适应性强,耐瘠薄和干旱,多分布于低洼盐碱区域。

12. 白羊草

白羊草 *Bothriochloa ischaemum*（L.）Keng,又名白莲草,属禾本科。

［分布范围］ 该草分布于全国各地。

［识别特征］ ①根:须根特别发达,常形成强大的根网。②茎:秆直立成基部膝曲,高25~80 cm,具3节至多节。③叶:狭条形,长5~18 cm,宽2~3 mm,两面疏生疣毛或下面无毛。④花:总状花序4至多数簇生于茎顶,长3~6.5 cm,宽约2 mm,细弱;穗轴逐节断落,节间与小穗柄都有纵沟;小穗成对生于各节;无柄小穗长4~5 mm,基盘钝;第1颖中部稍下陷,具5~7脉,上部成2脊;第2颖舟形,边缘近膜质;第1外稃长约3 mm,第2外稃条形,顶端伸出长10~15 mm、膝曲的芒;有柄小穗不孕,色较深,无芒(图3-12a、图3-12b)。

［发生特点］ 多年生疏丛型禾草,分蘖力强,能形成大量基生叶丛。花果期秋季,主要以种子繁殖。耐践踏,耐干旱,耐盐碱,侵入性强,种子生产能力高。

图3-12a 白羊草开花株

图3-12b 白羊草幼苗

13. 双穗雀稗

双穗雀稗 *Paspalum paspaloides*（Michx.）Scribn.,又名河茂叶、红拌根草、过江龙、游草、游水筋,属禾本科。

［分布范围］ 该草分布于山东、河南、长江流域及以南各地。

［识别特征］ ①茎:匍匐茎实心,长可达5~6 m,直径2~4 mm,常具30~40节,水肥充足的土壤中可达70~80节,每节有1~3个芽,节节都能生根,每个芽都可以长成新枝,繁殖竞争力极强,蔓延甚速;于4月初匍匐茎芽萌发,6~8月生长最快,并产生大量分枝;花枝高20~60 mm,较粗壮而斜生,节上被毛。②叶:条状披针形,长3~15 mm,宽2~6 mm;叶面略粗糙,背面光滑具脊;叶片基部和叶鞘上部边缘具纤毛;叶舌膜质,长1.5 mm。③花:

总状花序2枚,个别3枚,指状排列于秆顶;小穗椭圆形成两行排列于穗轴的一侧,含2花,其中1花不孕。④幼苗:青绿色,直立;胚芽鞘膜质,较短;第1片叶较短宽,第2片叶渐长,叶鞘无毛(图3-13a、图3-13b)。

图3-13a　双穗雀稗幼苗　　　　图3-13b　双穗雀稗成株及为害三叶草状

[发生特点]　多年生草本,花果期5~9月。其主要以根茎和匍匐茎繁殖,种子也能作远距离传播。适生于湿润区域,其根状茎或匍匐茎发达,蔓延较为迅速。

14. 黄背草

黄背草 *Themeda japonica* (Willd.) Tanaka,又名黄被茅、菅草,属禾本科。

[分布范围]　该草分布于全国各地。

[识别特征]　①茎:秆高0.5~1.5 m,圆形,压扁或具棱,下部直径可达5 mm,光滑无毛,具光泽,黄白色或褐色,实心,髓白色,有时节处被白粉。②叶:叶鞘紧裹秆,背部具脊,通常生疣基硬毛;叶舌坚纸质,长1~2 mm,顶端钝圆,有睫毛,叶片线形,长10~50 cm,宽4~8 mm,基部通常近圆形,顶部渐尖,中脉显著,两面无毛或疏被柔毛,背面常粉白色,边缘略卷曲,粗糙。③花:大型伪圆锥花序多回复出,由具佛焰苞的总状花序组成,长为全株的1/3~1/2;佛焰苞长2~3 cm;总状花序长15~17 mm,具长2~5 mm的花序梗,由7小穗组成;下部总苞状小穗对轮生于一平面,无柄,雄性,长圆状披针形,长7~10 mm;第1颖背面上部常生瘤基毛,具多数脉;无柄小穗两性,1枚,纺锤状圆柱形,长8~10 mm,基盘被褐色髯毛,锐利;第1颖革质,背部圆形,顶端钝,被短刚毛;第2颖与第1颖同质,等长,两边为第1颖所包卷;第1外稃短于颖;第2外稃退化为芒的基部,芒长3~6 cm,一至二回膝曲。④果:颖果长圆形,胚线形,长为颖果的1/2;有柄小穗形似总苞状小穗,但较短,雄性或中性;花果期6~12月(图3-14a、图3-14b)。

[发生特点]　多年生草本,花果期6~10月,以种子或根茎繁殖。耐践踏,耐干旱。

图3-14a　黄背草幼株

图3-14b　黄背草花序

15.蜡烛草

蜡烛草 *Phleum paniculatum* Huds.，又名鬼蜡烛、腊烛草、假看麦娘，属禾本科。

[分布范围]　该草主要分布于陕西、河南以及长江流域。

[识别特征]　①根：须根细弱柔软。②茎：株高10~45 cm；秆细弱直立丛生，基部常膝曲，具3~5节。③叶：叶鞘短于节间，紧密或松弛；叶舌薄膜质，长2~4 mm，两侧下延与鞘口边缘相结合，叶片扁平，斜向上升，长3~15 cm，宽2~6 mm，先端尖，基部通常倾斜。④花：圆锥花序紧密呈柱状，长2~10 cm，宽4~8 mm，幼时绿色，成熟后变黄色；小穗楔状兼倒卵形；颖长2~3 mm，具3脉，脉间具深沟，脊上无毛或具硬纤毛，顶端具长约0.5 mm的尖头；外稃卵形，长1.3~2 mm，贴生短毛，内稃几等长于外稃；花药长约0.8 mm（图3-15）。⑤果：颖果瘦小，长约1 mm，宽0.2 mm，黄褐色，无光泽。⑥幼苗子叶留土。第1片真叶线形，长4.4 cm，宽0.5 mm，有3条脉，叶舌呈细齿裂，无叶耳；叶鞘长8 mm，无毛，亦有3条脉。第2片真叶与前者相似。

[发生特点]　越年生或一年生草本，花果期4~6月，以种子繁殖。其多生于潮湿处。

图3-15　蜡烛草开花株

二、阔叶杂草

16.节节草

节节草 *Equisetum ramosissimum* Desf.，又名土麻黄、草麻黄、木贼草，属木贼科。

[分布范围]　该草分布于北京、河北、山东、山西、内蒙古、辽宁、吉林、黑龙江、河南、湖北、重庆、四川、陕西、甘肃、新疆等地。

[识别特征]　①根状茎：黑褐色，生少数黄色须根。②地上茎：直立，单生或丛生，高达 70 cm，径 1~2 mm，灰绿色，肋棱 6~20 条，粗糙，有小疣状突起 1 列；沟中气孔线 1~4 列；中部以下多分枝，分枝常具 2~5 小枝。③叶：轮生，退化连接成筒状鞘，似漏斗状，亦具棱；鞘口随棱纹分裂成长尖三角形的裂齿，齿短，外面中心部分及基部黑褐色，先端及缘渐成膜质，常脱落。④孢子囊穗：紧密，矩圆形，无柄，长 0.5~2 cm，有小尖头，顶生；孢子同型，具 2 条丝状弹丝，十字形着生，绕于孢子上，遇水弹开，以便繁殖（图 3-16a、图 3-16b）。

[发生特点]　多年生草本，以孢子或根茎繁殖。常见于沙质地或水边湿地。

图 3-16a　节节草成株

图 3-16b　节节草为害鸢尾状

17.葎草

葎草 *Humulus scandens*（Lour.）Merr.，又名拉拉秧、拉拉蔓、拉拉藤、五爪龙、屎坷垃蔓，属桑科。

[分布范围]　该草在我国除新疆、青海外，南北各省区均有分布。

[识别特征]　①茎：匍匐或缠绕，成株茎长可达 5 m，茎枝和叶柄上密生倒刺；有分枝，具纵棱。②叶：叶对生，具有长柄 5~20 cm，掌状 3~7 裂，裂片卵形或卵状披针形，基部心形；两面生粗糙刚毛，下面有黄色小油点，叶缘有锯齿。③花：腋生，雌雄异株；雄花成圆

锥状柔荑花序,花黄绿色单一朵十分细小,萼5裂,雄蕊5枚;雌花为球状的穗状花序,由紫褐色且带点绿色的苞片所包被,苞片的背面有刺,子房单一,花柱2枚。④果:聚花果绿色,近松球状;单个果为扁球状的瘦果。⑤幼苗:子叶线性,长达2~3 cm,叶上面有短毛,无柄;下胚轴发达,微带红色;初生叶2片,卵形,3裂,每裂片边缘具钝齿(图3-17a、图3-17b、图3-17c)。

图3-17a　葎草幼苗

[发生特点]　一年生蔓性杂草,主要靠种子繁殖。于3月中旬左右出苗,花期6~10月,果期7~11月。单株结种子数千粒至数万粒,经越冬休眠后萌发。为地被植物区域常见杂草。

图3-17b　葎草幼株及为害草坪状

图3-17c　葎草成株

18.萹蓄

萹蓄 *Polygonum aviculare* L.,又名鸟蓼、扁竹,属蓼科。

[分布范围]　该草分布于东北、华北、华东、华中及四川、青海等地。

[识别特征]　①茎:平卧或上升,自基部分枝。②叶:叶柄极短;叶片狭椭圆形或披针形,长1.5~3 cm,宽5~10 mm,顶端钝或急尖,基部楔形,全缘;托叶鞘膜质,其下部褐色,上部白色透明,有脉纹。③花:腋生,1~5朵簇生于叶腋,几乎每叶腋都有花;花被绿色,边缘绿色或淡红色;雄蕊8个。④果:瘦果卵形,有3棱,黑色或褐色。⑤幼苗:下胚轴较发达,玫瑰红色;子叶线性,长12~14 mm,宽约2 mm,基部连合,光滑无毛;初生叶宽披针形,先端急尖,基部楔形,全缘(图3-18a、图3-18b)。

[发生特点]　一年生草本,花期5~9月,花后不久果实即成熟,以种子繁殖。对土壤要求不严,耐瘠薄,耐践踏。为草坪区域常见杂草,为害不重。

图3-18a　萹蓄幼苗　　　　　　　　　图3-18b　萹蓄成株及为害草坪状

19.酸模叶蓼

酸模叶蓼 *Polygonum lapathifolium* L.,又名酸不拉棵、旱苗蓼、班蓼、大马蓼,属蓼科。

[分布范围]　该草分布于全国各地。

[识别特征]　①茎:株高30~100 cm,茎直立,有分枝,光滑无毛。②叶:披针形或宽披针形,大小变化很大,长7~15 cm,顶端渐尖或急尖,基部楔形;生长前期的叶子常有黑褐色新月形斑块,无毛,全缘,边缘有粗硬毛;托叶鞘筒状,膜质。③花:花序为数个花穗构成的圆锥状花序,花淡红色或白色。④果:瘦果卵形,扁平,两面微凹,黑褐色,有光泽,全部包于宿存花被内。⑤幼苗:下胚轴发达,深红色;子叶长卵形,长约1 cm,叶背紫红色,初生叶长椭圆形,无托叶鞘;后生叶具托叶鞘;叶上面具黑斑,叶背被棉毛(图3-19)。

图3-19　酸模叶蓼开花株

[发生特点]　一年生草本,花果期7~9月,以种子繁殖。适生于比较湿润的环境,为草坪与地被植物区域常见杂草,为害不重。

20.齿果酸模

齿果酸模 *Rumex dentatus* L.,又名土大黄、牛蛇棵子、齿果羊蹄、野甜菜,属蓼科。

[分布范围]　该草分布于华北、西北、华东、华中、四川、贵州、云南等地。

[识别特征]　①茎:株高20~70 cm,茎直立,自基部多分枝,枝斜升,具浅沟槽。②叶:茎下部叶长圆形或长椭圆形,长4~12 cm,宽1.5~3 cm,先端圆钝或急尖,基部圆形或近心形,边缘浅波状,无毛;茎上部叶较小,叶柄长1.5~5 cm。③花:总状花序,顶生和腋生,由

数个再组成圆锥状花序,长达35 cm;花轮状排列,花轮间断;花两性,花梗中下部具关节;花被2轮,6片,内花被片果期增大,三角状卵形,长约0.4 cm,具小瘤状突起,边缘每侧具2~4个刺状齿。④果:瘦果,黄褐色,卵形,具3锐棱,长约0.2 cm,两端尖,有光泽。⑤幼苗:子叶长卵形,长约0.8 cm,基部近圆形,具长柄;初生真叶1片,阔卵形,先端钝圆,基部圆形,表面有稀疏的红色斑点;具长柄,托叶鞘膜质,呈杯状(图3-20a、图3-20b、图3-20c)。

图3-20a　齿果酸模幼株

图3-20b　齿果酸模成株

图3-20c　齿果酸模为害草坪状

[发生特点]　一年生草本,花果期4~7月,以种子繁殖。喜生于潮湿的地方。为草坪及地被植物区域常见杂草,为害不重。

21.藜

藜 *Chenopodium album* L.,又名灰菜、灰条菜、白藜、落藜,属藜科。

[分布范围]　该草在我国除台湾、福建、江西、广东、广西、贵州、云南等地外,其他地区均有分布。

[识别特征]　①茎:株高60~120 cm,直立,光滑,有棱,具绿色、紫色或红色条纹。②叶:有长柄,叶形变化大,大部为卵形、菱形或三角形,先端急尖或微钝,基部宽楔形,边缘常有波状牙齿;植株上部的叶一般较狭窄,全缘;叶片下面皆生粉粒,呈灰绿色。③花:较小,簇生成圆锥花序,排列甚密。④果:胞果完全包于花被内或顶端稍露。⑤种子:横生,双凸镜形,直径约1 mm,光亮,表面有不明显的沟纹及点注。⑥幼苗:子叶近线形或披针形,先端钝,肉质,叶下面有白粉,有柄;初生叶长卵形,先端钝,边缘略呈波状,主脉明显,叶片下面多呈紫红色;上、下胚轴均较发达,紫红色;后生叶互生,叶形变化较大,呈

三角状卵形,全缘或有钝齿(图3-21a、图3-21b、图3-21c)。

图3-21a　藜幼株及为害草坪状

图3-21b　藜成株及为害马蔺状

[发生特点]　一年生草本,花期8~9月,果期9~10月,以种子繁殖。分布普遍,对土壤要求不严,但在土壤肥沃的地方生长及旺盛,能耐盐碱。4、5月间生长最盛。为地被植物区域常见杂草,为害较重。

22.小藜

小藜 *Chenopodium serotinum* L.,又名小灰条、灰条菜,属藜科。

[分布范围]　除西藏外,该草在全国均有分布。

图3-21c　藜开花状

[识别特征]　①茎:株高20~100 cm,茎直立,具条棱及绿色条纹,具分枝。②叶:卵状长圆形,长2.5~5 cm,宽1~3 cm;通常三浅裂,中裂片两边近平行,先端钝或急尖并具短尖头,边缘具波状锯齿;侧裂片位于中部以下,通常各具2浅裂齿。③花:簇生于枝上部,排列成较开展的直立圆锥状花序;花被近球形,5深裂,裂片宽卵形,背面有密粉。④果:胞果,包在花被内,种子横生,果皮与种子贴生。⑤种子:黑色,双凸镜状,直径约0.1 cm,有光泽,表面具六角形细洼。⑥幼苗:子叶线形,肉质,长约0.6 cm,具短柄;初生真叶2片,线形,基部楔形,全缘,具短柄;后生叶披针形,互生,先端急尖,边缘有不规则缺刻或疏齿,叶背密生白色粉粒(图3-22a、图

图3-22a　小藜幼株及为害草坪状

3-22b、图3-22c)。

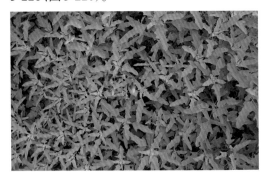

图3-22b　小藜开花株

图3-22c　小藜为害地被石竹状

[发生特点]　一年生草本,花果期5~10月,以种子繁殖。为地被植物区域常见杂草,为害较重。

23.灰绿藜

灰绿藜 *Chenopodium glaucum* L.,又名翻白藜、小灰菜,属藜科。

[分布范围]　该草在我国除台湾、福建、江西、广东、广西、贵州、云南外,其他地区都有分布。

[识别特征]　①茎:株高10~40 cm,茎平卧或外倾,具条棱及绿色或紫红色色条,具分枝。②叶:长圆状卵形至披针形,长1~4 cm,宽0.5~2 cm,肥厚,先端急尖或钝,基部渐狭,边缘具波状牙齿,叶柄长0.5~1 cm;叶正面无粉,平滑,中脉明显;背面被粉,灰白色或稍带紫红色。③花:数朵小花聚成团伞花序,再于分枝上排列成穗状或圆锥状花序,花序通常短于叶;花被裂片3~4,浅绿色,长不足0.1 cm,仅基部台生。④果:胞果,顶端露出于花被外,果皮膜质,黄白色,种子横生、斜生及直立。⑤种子:暗褐色或黑色,扁球形,直径不足0.1 cm,表面有细点纹。⑥幼苗:子叶狭披针形,长约0.6 cm,肉质,具柄;初生真叶2片,三角状卵形,全缘,叶背有白粉;后生叶椭圆形,叶缘有疏钝齿(图3-23)。

图3-23　灰绿藜开花株

[发生特点]　一年生草本,花果期5~10月,以种子繁殖。为地被植物区域常见杂草,为害不重。

24.猪毛菜

猪毛菜 *Salsola collina* Pall.,又名猪毛英、扎蓬棵、沙蓬、山叉明棵,属藜科。

[分布范围]　该草分布于东北、华北、西北、西南及山东、江苏、安徽、河南等地。

[识别特征]　①茎:株高30~100 cm,自基部分枝,枝互生,淡绿色,有红紫色条纹,生稀疏的短硬毛。②叶:丝状圆柱形,长2~5 cm,宽0.5~1.5 mm,生短硬毛,先端有硬针刺,基部边缘膜质,稍扩展而下延。③花:花序穗状,生枝条上部;苞片宽卵形,先端有硬针刺;小苞片2,狭披针形,比花被长,苞片及小苞片与花序轴紧贴;花被片5,膜质,披针形,长约2 mm,结果时自背面中上部生鸡冠状突起,花被片在突起以上部分近革质;花药短圆形,顶部无附属物;柱头丝形,长为花柱的1.5~2倍。④果:胞果倒卵形,果皮膜质。⑤种子:横生或斜生,直径约1.5 mm,先端平(图3-24a、图3-24b)。

图3-24a　猪毛菜幼株

图3-24b　猪毛菜成株

　　[发生特点]　一年生草本,5月开始返青,7~8月开花,8~9月果熟,以种子繁殖。适应性、再生性及抗逆性均强,为耐旱、耐碱植物,多生长于含盐碱的沙质土壤上,属常见杂草。

25.灰绿碱蓬

　　灰绿碱蓬 *Suaeda glauca* Bunge,又名碱蓬、碱蒿子,属藜科。

　　[分布范围]　该草分布于东北、西北、华北、江苏、山东、河南等地。

　　[识别特征]　①茎:株高可达1 m,圆柱状直立,浅绿色,有条棱,上部多分枝,枝细长,斜伸。②叶:丝状半圆柱形,肉质,长1.5~5 cm,宽约0.1 cm,先端微尖,灰绿色,光滑无毛。③花:单生或2~5朵簇生,大多着生于叶的近基部,总花梗和叶柄合并成短枝状,外观似花序着生在叶柄上;两性花,花被杯状;雌花花被近球形,花被裂片卵状三角形,果期增厚,使花被略呈五角星形。④果:胞果,包在花被内,果皮膜质,种子横生或斜生。⑤种子:黑色,双凸镜形,直径约0.2 cm,周边钝或锐,表面具清晰的颗粒状点纹,稍有光泽。⑥幼苗:子叶线形,肉质,长约2.2 cm,宽约0.2 cm,先端有小刺尖,无柄;初生真叶1片,形状与子叶相同,光滑(图3-25a、图3-25b)。

　　[发生特点]　一年生草本,花果期7~9月,以种子繁殖。一般性杂草,为害较轻。

图 3-25a　灰绿碱蓬幼株及为害草坪状

图 3-25b　灰绿碱蓬成株

26. 地肤

地肤 *Kochia scoparia*（L.）Schrad.，又名地麦、落帚、扫帚苗、扫帚菜、孔雀松、蒿蒿头、独扫帚，属藜科。

[分布范围]　该草分布于全国各地。

[识别特征]　①根：略呈纺锤形。②茎：株高 50~100 cm，直立，圆柱状，淡绿色或带紫红色，有多数条棱，稍有短柔毛或下部几无毛；分枝稀疏，斜上。③叶：为平面叶，披针形或条状披针形，长 2~5 cm，宽 3~9 mm，无毛或稍有毛，先端短渐尖，基部渐狭入短柄，通常有 3 条明显的主脉，边缘有疏生的锈色绢状缘毛；茎上部叶较小，无柄，1 脉。④花：两性或雌性，通常 1~3 个生于上部叶腋，构成疏穗状圆锥状花序，花下有时有锈色长柔毛；花被近球形，淡绿色，花被裂片近三角形，无毛或先端稍有毛；翅端附属物三角形至倒卵形，有时近扇形，膜质，脉不很明显，边缘微波状或具缺刻；花丝丝状，花药淡黄色；柱头 2，丝状，紫褐色，花柱极短。⑤果：胞果扁球形，果皮膜质，与种子离生。⑥种子：卵形，黑褐色，长 1.5~2 mm，稍有光泽；胚环形，胚乳块状（图 3-26a、图 3-26b、图 3-26c）。

图 3-26a　地肤幼株及为害草坪状

[发生特点]　一年生草本，花期 6~9 月，果熟 8~10 月，以种子繁殖。其喜阳光，喜温暖，不耐寒，极耐炎热，耐盐碱，耐干旱，耐瘠薄，对土壤要求不严，极易自播繁衍。

图 3-26b　地肤成株

图 3-26c　地肤开花株

27.反枝苋

反枝苋 *Amaranthus retroflexus* L.,又名芸星菜、银星菜、人青菜、人苋菜、西风谷、野苋菜,属苋科。

[分布范围]　该草分布于黑龙江、吉林、辽宁、内蒙古、河北、山东、山西、河南、陕西、甘肃等地。

[识别特征]　①茎:株高20~80 cm,直立,稍有钝棱,密生短柔毛。②叶:菱状卵形或椭圆状卵形,长5~12 cm,宽2~5 cm,顶端微凸,有小芒尖,两面和边缘有柔毛;叶柄长1.5~5.5 cm。③花:花簇多刺毛,集成稠密的顶生和腋生的圆锥花序;苞片干膜质;花被片5,白色,有一淡绿色中脉。④果:胞果扁球形,小,淡绿色,盖裂,包裹在宿存花被内。⑤幼苗:子叶长椭圆形,先端钝,腹面成灰绿色,背面紫红色,初生叶互生,全缘,卵形,先端微凹,叶背面亦呈紫红色;后生叶有毛,柄长;下胚轴发达,紫红色(图3-27a、图3-27b、图3-27c)。

图 3-27a　反枝苋幼株及为害草坪状

图 3-27b　反枝苋成株

图 3-27c　反枝苋花序

[发生特点]　一年生草本,花期7~8月,以种子繁殖。为地被植物区域常见杂草。

28.皱果苋

皱果苋 *Amaranthus viridis* L.,又名绿苋、野苋,属苋科。

[分布范围]　该草分布于陕西、东北、华北、华东、华南等地。

[识别特征]　①茎:株高40~100 cm,近无毛;直立,稍有分枝,绿色或带紫色。②叶:卵形或卵状椭圆形,长3~9 cm,宽2.5~6 cm,先端微缺,少数圆钝,有一小芒尖,基部宽楔形或近截形,全缘或微呈波状缘,叶柄长3~6 cm。③花:多个穗状花序组成圆锥花序,长6~12 cm,具分枝;穗状花序圆柱形,细长,直立;苞片及小苞片披针形,顶端具凸尖;花被片3,长圆形或宽倒披针形,长约0.1 cm,绿色或红色,具芒尖。④果:胞果,扁球形,直径约0.2 cm,不裂,表面极皱缩。⑤种子:黑色或黑褐色,扁球形,有光泽,直径约0.1 cm,具薄环状边。⑥幼苗:全株光滑无毛;子叶披针形,长约0.7 cm,宽约0.2 cm,先端渐尖,基部楔形,全缘,具短柄;初生真叶1片,阔卵形,先端钝尖,具微缺,基部阔楔形,具长柄(图3-28a、图3-28b、图3-28c)。

图3-28a　皱果苋幼株及为害草坪状

图3-28b　皱果苋开花结果株

图3-28c　皱果苋为害三叶草状

[发生特点]　一年生草本,花果期7~10月,以种子繁殖。为地被植物区域常见杂草。

29.北美苋

北美苋 *Amaranthus blitoides* S. Watson,属苋科。

[分布范围]　该草分布于黑龙江、吉林、辽宁、内蒙古、北京、河北、山东、河南、安徽、上海、新疆等地。

[识别特征]　①茎:株高15~50 cm,大部分伏卧,从基部分枝,绿白色,全体无毛或近无毛。②叶:密生,倒卵形、匙形至矩圆状倒披针形,长5~25 mm,宽3~10 mm,顶端圆钝或急尖,具细凸尖,尖长达1 mm,基部楔形,全缘;叶柄长5~15 mm。③花:腋生花簇,比

叶柄短,有少数花;苞片及小苞片披针形,长 3 mm,顶端急尖,具尖芒;花被片 4,有时 5,卵状披针形至矩圆披针形,长 1~2.5 mm,绿色,顶端稍渐尖,具尖芒;柱头 3,顶端卷曲。④果:胞果椭圆形,长 2 mm,环状横裂,上面带淡红色,近平滑,比最长花被片短。⑤种子:卵形;直径约 1.5 mm,黑色,稍有光泽(图 3-29a、图 3-29b)。

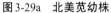

图 3-29a　北美苋幼株

图 3-29b　北美苋成株

[发生特点]　一年生草本,花期 8~9 月,果期 9~10 月,以种子繁殖。为地被植物区域常见杂草。

30.空心莲子草

空心莲子草 *Alternanthera philoxeroides*(Mart.) Griseb.,又名革命草、水花生,属苋科。

[分布范围]　该草分布于北京、河北、山东、江苏、安徽、浙江、江西、湖南、福建等地。

[识别特征]　①根:有根毛,陆生植株的不定根次生生长可形成直径达 1 cm 左右的肉质贮藏根,即宿根,茎节可生根。②茎:圆桶形,多分枝,茎秆坚实,具次生构造,含丰富的菱晶簇和羽纹针晶,细胞密度大,髓腔小或实心。③叶:对生,有短柄,叶片长椭圆形至倒卵状披针形,先端圆钝,基部渐狭,叶片略有绒毛,叶片边缘常有缺刻;叶片较水生环境中的叶片长宽度略小,厚度略厚,叶色较深,叶片与茎之间的夹角较小,较挺立。④花:密生,总花梗的头状花序,单生在叶腋,苞片及小苞片白色,苞片卵形,花被片矩圆形,白色,光亮,无毛,子房倒卵形。⑤幼苗:下胚轴显著,无毛;子叶长椭圆形,长约 7 mm,无毛,有短柄;上胚轴和茎均被 2 行柔毛,初生叶和成长叶相似而较小(图 3-30a、图 3-30b)。

图 3-30a　空心莲子草幼株

图 3-30b　空心莲子草为害草坪状

[发生特点] 多年生草本,5~10月开花,结实率低,通常用茎节繁殖。抗逆性强,适应性广。常发生于温暖潮湿的草坪及地被植物区域。

31.垂序商陆

垂序商陆 *Phytolacca americana* L.,又名美洲商陆、美国商陆、洋商陆,属商陆科。

[分布范围] 该草分布于辽宁、陕西、山西、河北、北京、天津、山东、江苏、上海、安徽、浙江、江西、福建、台湾、河南、湖北、湖南、广东、广西、四川、重庆、云南、贵州、海南等地。

[识别特征] ①根:粗壮,肥大,倒圆锥形。②茎:株高1~2 mm,茎直立,圆柱形,有时带紫红色。③叶:椭圆状卵形或卵状披针形,长9~18 cm,宽5~10 cm,先端急尖,基部楔形,叶柄长1~4 cm。④花:总状花序,顶生或侧生,长5~20 cm,花较稀疏;花梗长0.6~0.8 cm,花白色,微带红晕,直径约0.6 cm,花被片5,雄蕊10,心皮10,心皮合生。⑤果:果序下垂;浆果扁球形,未成熟时绿色,成熟时紫黑色。⑥种子:肾圆形,直径约0.3 cm(图3-31a、图3-31b、图3-31c)。

图3-31a 垂序商陆幼苗

图3-31b 垂序商陆幼株及为害麦冬状

图3-31c 垂序商陆开花株

[发生特点] 多年生草本,花果期6~10月,以根状地下茎及种子繁殖。喜生长在土壤肥沃的区域。为地被植物区域常见杂草,为害不重。

[警示通报] 国家林业和草原局发布林业有害生物警示通报:美洲商陆是一种入侵植物,原产北美洲,原作为观赏植物被引进。全株有毒,根及果实毒性最强。由于其根茎酷似人参,常被人误作人参服用。

32.马齿苋

马齿苋 *Portulaca oleracea* L.,又名马蛇子菜、马齿菜、五行草、长命菜、五方草、瓜子菜、麻绳菜,属马齿苋科。

[分布范围]　该草分布于全国各地。

[识别特征]　①茎：平卧或斜倚，伏地铺散，多分枝，圆柱形，长10~15 cm，淡绿色或带暗红色。②叶：互生，有时近对生，叶片扁平，肥厚，倒卵形，似马齿状，长1~3 cm，宽0.6~1.5 cm，顶端圆钝或平截，有时微凹，基部楔形，全缘，上面暗绿色，下面淡绿色或带暗红色，中脉微隆起；叶柄粗短。③花：无梗，直径4~5 mm，常3~5朵簇生枝端，午时盛开；苞片2~6，叶状，膜质，近轮生；萼片2，对生，绿色，盔形，左右压扁，长约4 mm，顶端急尖，背部具龙骨状凸起，基部合生；花瓣5，稀4，黄色，倒卵形，长3~5 mm，顶端微凹，基部合生；雄蕊通常8，或更多，长约12 mm，花药黄色；子房无毛，花柱比雄蕊稍长，柱头4~6裂，线形。④果：蒴果卵球形，长约5 mm，盖裂。⑤种子：细小，多数，偏斜球形，黑褐色，有光泽，直径不及1 mm，具小疣状凸起。⑥幼苗：子叶卵形至椭圆形，先端钝圆，肥厚，带红色；初生叶对生，倒卵形；全株光滑无毛，稍带肉质（图3-32a、图3-32b）。

图3-32a　马齿苋幼株及为害草坪状　　　　　图3-32b　马齿苋成株

[发生特点]　一年生草本，春夏季都有幼苗发生，花期5~8月，果期6~9月，以种子繁殖。为旱地主要杂草。

33.繁缕

繁缕 *Stellaria media*（L.）Cvr.，又名鹅肠草、狗蚤菜、鹅馄饨、圆酸菜、野墨菜，属石竹科。

[分布范围]　全国仅新疆、黑龙江暂时未见该草，其他地区均有分布。

[识别特征]　①茎：直立或平卧，高10~30 cm，基部多分枝，下部节上生根，茎上有一行短柔毛，其余部分无毛。②叶：卵形，长0.5~2.5 cm，宽0.5~1.8 cm，顶端锐尖，基上部的叶无柄；下部叶有长柄。③花：单生于叶腋或排成顶生疏散的聚散花序，花梗长约3 mm，萼片5，有柔毛，边缘膜质；花瓣5，白色，比萼片短，二深裂几达基部；雄蕊10；花柱3~4。④果：蒴果卵形或矩圆形，顶端6裂。⑤种子：黑褐色，圆形，密生小突起。⑥幼苗：子叶卵形，先端急尖，基部阔楔形，有叶脉；初生叶对生，卵圆形，先端突尖，叶基圆形（图3-33a、图3-33b）。

[发生特点]　一年生或越年生草本，花期7~8月，果期8~9月，以种子繁殖。较喜潮

湿。为地被植物区域常见杂草，为害不重。

图 3-33a　繁缕幼株

图 3-33b　繁缕开花株

34.独行菜

独行菜 *Lepidium apetalum* Willd.，又名腺茎独行菜、北葶苈子、昌古，属十字花科。

［分布范围］　该草分布于东北、华北、华东、西北、西南等地。

［识别特征］　①根：主根白色，幼时有辣味，故名辣椒根。②茎：株高 5~30 cm；直立，上部多分枝。③叶：基生叶狭匙形，羽状浅裂或深裂，长 3~5 cm，宽 1~2 cm；上部叶条形，有疏齿或全缘。④花：总状花序顶生，果实伸长，排列疏松；花极小；花瓣退化为丝状。⑤果：短角果近圆形或椭圆形；扁平，长约 3 mm，先端微缺，上部有几窄翅。⑥种子：椭圆形，长约 1 mm，平滑，棕红色（图 3-34a、图 3-34b）。

图 3-34a　独行菜成株及为害草坪状

图 3-34b　独行菜开花状

［发生特点］　一年生或越年生草本，花果期 4~7 月，以种子繁殖。为草坪及地被植物区域常见杂草，为害不重。

35.播娘蒿

播娘蒿 *Descurainia sophia*（L.）Schur.，又名麦蒿、米米蒿、麦蒿、大蒜芥，属十字花科。

［分布范围］　该草分布于东北、华北、华东、西北、四川等地。

[识别特征]　①茎：株高20~80 cm，有毛或无毛，毛为叉状毛，以下部茎生叶为多，向上渐少；直立，分枝多，常于下部成淡紫色。②叶：3回羽状深裂，长2~12（15）cm，末端裂片条形或长圆形，裂片长（2）3~5（10）mm，宽0.8~1.5（2）mm；下部叶具柄，上部叶无柄。③花：花序伞房状，果期伸长；萼片直立，早落，长圆条形，背面有分叉细柔毛；花瓣黄色，长圆状倒卵形，长2~2.5 mm，或稍短于萼片，具爪；雄蕊6枚，比花瓣长三分之一。④果：长角果圆筒状，长2.5~3 cm，宽约1 mm，无毛，稍内曲，与果梗不成一条直线，果瓣中脉明显；果梗长1~2 cm。⑤种子：每室1行，种子形小，多数，长圆形，长约1 mm，稍扁，淡红褐色，表面有细网纹（图3-35a、图3-35b、图3-35c）。

图3-35a　播娘蒿幼株

图3-35b　播娘蒿开花株

图3-35c　播娘蒿结果株

[发生特点]　一年生或越年生草本，花果期6~9月，以种子繁殖。为草坪及地被植物区域常见杂草，为害不重。

36.小花糖芥

小花糖芥 Erysimum cheiranthoides L.，又名桂竹糖芥、野菜子，属十字花科。

[分布范围]　除华南外，该草在全国均有分布。

[识别特征]　①茎：株高15~50 cm；直立，分枝或不分枝，有棱角，具2叉毛。②叶：基生叶莲座状，无柄，平铺地面，叶片长2~4 cm，宽1~4 mm，有2~3叉毛，叶柄长7~20 mm；茎生叶披针形或线形，长2~6 cm，宽3~9 mm，顶端急尖，基部楔形，边缘具深波状疏齿或近全缘，两面具3叉毛。③花：总状花序顶生，果期长达17 cm；萼片长圆形或线形，长2~3 mm，外面有3叉毛；花瓣浅黄色，长圆形，长4~5 mm，顶端圆形或截形，下部具爪。④果：长角果圆柱形，长2~4 cm，宽约1 mm，侧扁，稍有棱，具3叉毛；果瓣有1条不明显中脉；花柱长约1 mm，柱头头状；果梗粗，长4~6 mm。⑤种子：每室1行，卵形，长约1 mm，淡褐色（图

3-36a、图3-36b)。

[发生特点] 一年生草本,花期4~5月,果期5~8月,以种子繁殖。为地被植物区域常见杂草,为害不重。

图3-36a 小花糖芥幼株

图3-36b 小花糖芥开花株

37.碎米荠

碎米荠 *Cardamine hirsuta* L.,又名白带草、宝岛碎米荠、见肿消、毛碎米荠、雀儿菜、碎米芥,属十字花科。

[分布范围] 该草主要分布于长江流域、淮河及黄河流域等地。

[识别特征] ①茎:株高6~30 cm,被柔毛,上部渐少。②叶:基生叶有柄,单数羽状复叶,小叶(1)2~3(5)对,顶生小叶肾形或肾圆形,长4~14 mm,有3~5圆齿,侧生小叶较小,歪斜;茎生叶小叶2~3对,狭倒卵形至线形,所有小叶上面及边缘有疏柔毛。③花:总状花序在花初期成伞房状;萼片长圆形,被疏毛;花瓣白色,倒卵状楔形,雄蕊4~6,柱头不分裂。④果:长角果线形,稍扁平,无毛,长1.8~3 cm,直径1 mm,近直展,裂瓣无脉,宿存花柱长0.5 mm,果梗长约(4)5~8(12)mm。⑤种子:每室1行,种子长圆形,褐色,表面光滑。⑥幼苗:子叶出土,近圆形或阔卵形,先端钝圆,具微凹,基部圆形,具长柄;下胚轴不发达,上胚轴不发育;初生叶1片,互生,单叶,三角状卵形,全缘,基部截形,具长柄;第1后生叶与初生叶相似,第2后生叶为羽状分裂(图3-37a、图3-37b)。

图3-37a 碎米荠幼株

图3-37b 碎米荠开花结果株

[发生特点]　越年生草本,花期2~4月,果期4~6月,以种子繁殖。为地被植物区域常见杂草,为害不重。

38.沼生蔊菜

沼生蔊菜*Rorippa islandica*（Oed.）Borb.,又名风花菜,属十字花科。

[分布范围]　该草分布于黑龙江、吉林、内蒙古、陕西、山西、河北、山东、河南、安徽、江苏等地。

[识别特征]　①茎:株高20~50 cm,直立,有棱,下部常带紫色。②叶:基生叶有柄,叶片长圆形至狭长圆形,长5~10 cm,宽1~3 cm,羽状深裂,裂片3~7对,边缘不规则浅裂或呈深波状,顶端裂片较大,基部耳状抱茎;茎生叶向上逐渐变小,叶片羽状深裂或有齿,基部耳状抱茎,近无柄。③花:总状花序,顶生或腋生,花多数,花梗细,长0.3~0.5 cm;萼片长椭圆形,花黄色,花瓣长倒卵形至楔形。④果:短角果,椭圆形或近圆柱形,有时稍弯曲,长0.3~0.8 cm,宽0.1~0.3 cm,果瓣肿胀,果梗比果实长,斜向开展。⑤种子:褐色,近卵形,细小,一端微凹,表面具细网纹。⑥幼苗:全株光滑无毛;子叶近圆形,长约0.3 cm,有长柄;初生真叶1片,阔卵形,全缘,有1条中脉,有长柄;第2片真叶边缘呈微波状(图3-38a、图3-38b)。

图3-38a　沼生蔊菜幼株　　　　　图3-38b　沼生蔊菜开花株及为害草坪状

[发生特点]　一年生或越年生草本,花果期4~9月,以种子繁殖。多发生于湿润区域。为草坪及地被植物区域常见杂草,为害不重。

39.蛇莓

蛇莓*Duchesnea indica*（Andrews）Focke,又名地莓、小草莓、蚕莓、三点红、蛇蛋果,属蔷薇科。

[分布范围]　该草分布于全国各地。

[识别特征]　①茎:长匍匐茎,有柔毛。②叶:三出复叶,小叶片近无柄,菱状卵形或

倒卵形,长1.5~3 cm,宽1.2~2 cm,边缘具钝锯齿,两面散生柔毛或上面近于无毛,叶柄长1~5 cm;托叶卵状披针形,有时三列,有柔毛。③花:单生于叶腋,直径1~1.8 cm,花梗长3~6 cm,有柔毛;花托扁平,果期膨大成半圆形,海绵质,红色;副萼片5,先端三裂,稀五裂;萼裂片卵状披针形,比副萼片小,均有柔毛;花瓣黄色,矩圆形或倒卵形。④果:为聚合果,矩圆状卵形,似草莓状,较小,暗红色。⑤幼苗:子叶阔卵形,先端微凹,叶基圆形,边缘生睫毛,有长柄;下胚轴较发达;初生叶为掌状单叶,有明显掌状脉及斑点,有长柄;第2后生叶为三出复叶,叶形与初生叶相同(图3-39a、图3-39b、图3-39c)。

图3-39a　蛇莓开花株

图3-39b　蛇莓结果株

图3-39c　蛇莓为害扶芳藤状

[发生特点]　多年生匍匐状草本,花期4~7月,果期5~10月,靠匍匐茎与种子繁殖。适生于潮湿环境。为地被植物区域常见杂草,有时会形成较大的群落,为害也较重。

　　40.鸡眼草

　　鸡眼草 *Kummerowia striata* (Thunb.) Schindl.,又名掐不齐、牛黄黄、公母草,属豆科。

　　[分布范围]　该草分布于东北、华北、华东、中南、西南等地。

　　[识别特征]　①茎:披散或平卧,多分枝,高(5)10~45 cm,茎和枝上被倒生的白色细毛。②叶:小叶3;小叶倒卵形,倒卵状矩圆形或矩圆形,长5~15 mm,宽3~8 mm;叶脉羽状;托叶长卵形。③花:1~3朵腋生,淡红色;小苞片4个,1个生于花梗的关节之下,另3个生于萼下;萼深紫色,较成熟的荚果短1倍或与荚果等长。④果:荚果圆形或倒卵形,稍侧扁。⑤种子:在底面有褐色的斑点。⑥幼苗:下胚轴极发达,有细茸毛;初生叶为单生,对生,叶片倒卵形,先端微凹;后生叶为三出掌状复叶,小叶三角状倒卵形,先端微凹(图3-40a、图3-40b)。

　　[发生特点]　一年生草本,花期7~9月,果期9~10月,以种子繁殖。常能连片生长成

为地毯状,常对草坪造成较为严重的为害。

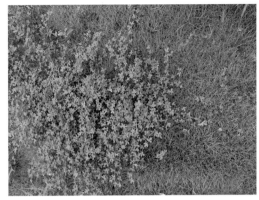

图3-40a 鸡眼草幼苗　　　　　　图3-40b 鸡眼草成株及为害草坪状

41.米口袋

米口袋 *Gueldenstaedtia multiflora* Bunge,又名米布袋,属豆科。

[分布范围] 该草分布于东北、华北、华东、陕西中南部、甘肃东部等地。

[识别特征] ①根:主根圆锥形或圆柱形,粗壮,不分歧或稍分歧。②茎:株高4~20 cm,全株被白色长绵毛,果期后毛渐稀少。③叶:奇数羽状复叶,多数,丛生于根状茎或短缩茎上端,早春时叶长3~10 cm,后期可达10 cm以上,托叶卵形,卵状三角形至披针形,基部与叶柄合生;小叶9~19(21)cm,广椭圆形、椭圆形、长圆形、卵形或近披针形等,长4~15 mm(后期可达40 mm),宽2~7(10)mm,基部圆形或广楔形,先端钝或圆,有时稍尖或近锐尖,全缘,两面被白色长绵毛,有时表面毛少或近无毛,夏秋以后毛渐少以至无毛。④花:总花梗自叶丛间抽出数个至数十个,顶端集生2~5(8)朵花,排列成伞形;花梗极短,近无梗;苞及小苞披针形至线形;萼钟状,长(5)6~9(10)mm;花冠紫堇色,旗瓣长(11)12 mm左右,广卵形至狭卵形或椭圆形、倒卵形等,基部渐狭成爪,翼瓣长8~11 mm,瓣片长圆形,上端稍宽,基部有细爪,龙骨瓣长5~6 mm;子房被毛,花柱上端卷曲。⑤果:荚果圆筒状,1室,长13~20(22)mm,宽3~4 mm,被长柔毛。⑥种子:肾形,表面有光泽,具浅蜂窝状凹陷。⑦幼苗:下胚轴较短;子叶阔椭圆形,先端钝圆,叶基阔楔形,有短柄;初生叶单生,阔椭圆形,先端微凹,叶基圆形,有长柄,柄上密生长柔毛,托叶三角形;第2后生叶为三出羽状复叶,小叶椭圆形,先端微凹,叶基近圆形,总叶柄长(图3-41a、图3-41b、图3-41c)。

图3-41a 米口袋幼株

图3-41b　米口袋成株及为害地被石竹状　　　　图3-41c　米口袋开花株

[发生特点]　多年生草本,花期4~5月,果期5~7月,以根茎萌芽或种子繁殖。为草坪常见杂草,有时为害较重。

42.糙叶黄芪

糙叶黄芪 *Astragalus scaberrimus* Bunge,又名春黄芪、粗糙紫云英,属豆科。

[分布范围]　该草分布于陕西、山西、甘肃、内蒙古、河北、山东、河南、四川等地。

[识别特征]　①根状茎:短缩,多分枝,木质化。②地上茎:不明显或极短,有时伸长而匍匐。③叶:羽状复叶有7~15片小叶,长5~17 cm;叶柄与叶轴等长或稍长,托叶下部与叶柄贴生,长4~7 mm,上部呈三角形至披针形;小叶椭圆形或近圆形,有时披针形,长7~20 mm,宽3~8 mm,先端锐尖、渐尖,有时稍钝,基部宽楔形或近圆形,两面密被伏贴毛。④花:总状花序生3~5花,排列紧密或稍稀疏,总花梗极短或长达数厘米,腋生;花梗极短;苞片披针形,较花梗长;花萼管状,长7~9 mm,被细伏贴毛,萼齿线状披针形,与萼筒等长或稍短;花冠淡黄色或白色,旗瓣倒卵状椭圆形,先端微凹,中部稍缢缩,下部稍狭成不明显的瓣柄,翼瓣较旗瓣短,瓣片长圆形,先端微凹,较瓣柄长,龙骨瓣较翼瓣短,瓣片半长圆形,与瓣柄等长或稍短;子房有短毛。⑤果:荚果披针状长圆形,微弯,长8~13 mm,宽2~4 mm,具短喙,背缝线凹入,革质,密被白色伏贴毛,假2室(图3-42)。

图3-42　糙叶黄芪开花株及为害金鸡菊状

[发生特点]　多年生草本,密被白色伏贴毛。花期4~8月,果期5~9月,以种子繁殖。耐旱,耐土壤瘠薄。为草坪常见杂草,有时为害较重。

43.达呼里胡枝子

达呼里胡枝子 *Lespedeza daurica* (Laxm.)Schindl.,又名毛果胡枝子、兴安胡枝子、牛

枝子、豆豆苗、蚂蚱串子,属豆科。

[分布范围] 该草分布于东北、华北、华中、西南、西北等地。

[识别特征] ①茎:株高达1 m,枝及叶下面有毛。②叶:小叶3;顶生小叶披针状矩形,长2~3 cm,宽0.7~1 cm,先端圆钝,有短尖头,基部圆形;叶柄极短;托叶条形。③花:总状花序腋生,短于叶;无瓣花簇生于下部枝条之叶腋,小苞片条形,花萼几与花瓣等长;花冠黄绿色。④果:荚果倒卵状矩形,长约4 m,有白色柔毛。⑤种子:1粒,略呈卵形,绿黄色或有暗褐色之斑点(图3-43a、图3-43b、图3-43c)。

[发生特点] 强旱生小灌木,花期6~10月,以种子繁殖。为旱地草坪常见杂草,为害不重。

图3-43a 达呼里胡枝子幼株

图3-43b 达呼里胡枝子成株

图3-43c 达呼里胡枝子开花株

44. 窄叶野豌豆

窄叶野豌豆 *Vicia angustifolia* L.,又名苦豆子、闹豆子、叫叫儿草、紫花苕子、山豆子,属豆科。

[分布范围] 该草分布于西北、华东、华中、华南及西南各地。

[识别特征] ①茎:株高20~50(80)cm,斜升、蔓生或攀援,多分支,被疏柔毛。②叶:

折叠叶偶数,羽状复叶长2~6 cm,叶轴顶端卷须发达;托叶半箭头形或披针形,长约0.15 cm,有2~5齿,被微柔毛;小叶4~6对,线形或线状长圆形,长1~2.5 cm,宽0.2~0.5 cm,先端平截或微凹,具短尖头,基部近楔形,叶脉不甚明显,两面被浅黄色疏柔毛。③花:1~2(3~4)腋生;花萼钟形,萼齿5,三角形,外面被黄色疏柔毛;花冠红色或紫红色,旗瓣倒卵形,先端圆、微凹,有瓣柄,翼瓣与旗瓣近等长,龙骨瓣短于翼瓣;子房纺锤形,被毛,胚珠5~8,子房柄短,花柱顶端具一束髯毛。④荚果:长线形,微弯,长2.5~5 cm,宽约0.5 cm。⑤种子:种皮黑褐色,革质,肿脐线形(图3-44a、图3-44b、图3-44c、图3-44d、图3-44e)。

图3-44a 窄叶野豌豆开花株

图3-44b 窄叶野豌豆开花状

图3-44c 窄叶野豌豆结果状

图3-44d 窄叶野豌豆为害草坪状

图3-44e 窄叶野豌豆为害扶芳藤状

[发生特点] 一年生或越年生草本,花期3~6月,果期5~9月,以种子繁殖。为草坪及地被植物区域常见杂草,有时为害较重。

45.大花野豌豆

大花野豌豆 *Vicia bungei* Ohwi,又名山黧豆、三齿萼野豌豆、三齿野豌豆、山豌豆、老豆蔓、毛苕子、野豌豆,属豆科。

[分布范围]　分布于东北、华北、西北、山东、江苏、安徽及西南等地。

[识别特征]　①茎:株高15~40(50)cm,缠绕或匍匐,茎有棱,多分枝。②叶:近无毛,偶数羽状复叶顶端卷须有分枝;托叶半箭头形,长0.3~0.7 cm,有锯齿;小叶3~5对,长圆形或狭倒卵长圆形,长1~2.5 cm,宽0.2~0.8 cm,先端平截微凹,稀齿状,上面叶脉不甚清晰,下面叶脉明显被疏柔毛。③花:总状花序长于叶或与叶轴近等长;具花2~4(5)朵,着生于花序轴顶端,长2~2.5 cm,萼钟形,被疏柔毛,萼齿披针形;花冠红紫色或金蓝紫色,旗瓣倒卵披针形,先端微缺,翼瓣短于旗瓣,长于龙骨瓣。④荚果:扁长圆形,长2.5~3.5 cm,宽约0.7 cm。⑤种子:种子2~8粒,球形,直径约0.3 cm(图3-45a、图3-45b、图3-45c)。

图3-45a　大花野豌豆成株

图3-45b　大花野豌豆开花株

图3-45c　大花野豌豆开花状

[发生特点]　一二年生缠绕或匍匐状草本,花期4~5月,果期6~7月,以种子繁殖。为草坪及地被植物区域常见杂草,为害不重。

46.毛胡枝子

毛胡枝子 *Lespedezatomentosa*(Thunb.) Sieb. ex Maxim.,又名绒毛胡枝子、山豆花、白胡枝子、白土子,属豆科。

[分布范围]　除新疆、西藏外,该草在全国各地均有分布。

[识别特征]　①茎:株高60~90 cm,或更高达2 m。②叶:三出复叶,互生;托叶线形,有毛;顶生小叶较大,叶片长圆形或卵状长圆形,长3~6 cm,宽1.5~2.5 cm,侧生小叶较小,长1~3 cm,宽1~2.2 cm,先端圆形,有短尖,基部钝,全缘,上面疏生短柔毛,下面密被棕色

柔毛。③花:总状花序腋生,花密集,花梗无关节;无瓣花腋生,呈头状花序;小苞片线状披针形;花萼浅杯状,萼5裂,裂片披针形,先端尖,密被柔毛;花冠蝶形,淡黄色,旗瓣椭圆形,长约1 cm,翼瓣和龙骨瓣近等长;雄蕊10,二体;子房有绢毛,长条形,花柱细,柱头头状。④果:荚果倒卵状椭圆形或椭圆形,表面密被绒毛。⑤种子:1粒(图3-46)。

[发生特点] 灌木,全株被白色柔毛,花期7~9月,果期9~10月,以种子繁殖。为草坪及地被植物区域常见杂草,为害不重。

图3-46　毛胡枝子幼株及为害草坪状

47.酢浆草

酢浆草 *Oxalis corniculata* L.,又名酸浆草、酸酸草,属酢浆草科。

[分布范围] 该草分布于全国各地。

[识别特征] ①茎:平卧或斜上,高10~30 cm,节上生根。②叶:三小叶复叶,互生;小叶无柄,倒心形,长5~10 mm;叶柄细长,长2~6.5 cm。③花:腋生,1至数朵生于总梗上,呈伞形花序,总花梗与叶柄等长;花黄色,长不足1 cm;萼片5,矩圆形,顶端急尖,覆瓦状排列;花瓣5,倒卵形,微向外反卷;雄蕊10,5长5短,花丝基部合成筒;子房5室,柱头5裂。④果:蒴果近圆柱形,有5棱,顶端尖,长1~1.5 cm,被短白毛。⑤种子:褐色,压扁,卵形,具横沟,有肉质外皮,开裂时有弹性,能将种子弹出。⑥幼苗:子叶椭圆形,先端圆,基部宽楔形,无毛,有短柄;初生叶为指状三出复叶,小叶倒心形,叶柄淡红色,叶柄及叶缘均有白色长柔毛;叶有酸味(图3-47a、图3-47b、图3-47c、图3-47d、图3-47e)。

图3-47a　酢浆草幼株

[发生特点] 多年生草本,植株通常被疏柔毛。夏秋季开花,以种子繁殖。其适生于阴湿地,能耐寒、耐旱。常常连片形成群落,为草坪及地被植物区域常见杂草。

图 3-47b　酢浆草开花株

图 3-47c　酢浆草为害麦冬状

图 3-47d　酢浆草为害草坪状

图 3-47e　酢浆草为害地被石竹状

48.野老鹳草

野老鹳草 *Geranium carolinianum* L.，又名老鹳嘴、老鸦嘴、贯筋、老贯筋、老牛筋，属牻牛儿苗科。

[分布范围]　该草分布于山东、安徽、江苏、浙江、江西、湖南、湖北、四川、云南等地。

[识别特征]　①茎：株高 20~50 cm，直立或斜升，有倒向下的密柔毛，有分枝。②叶：圆肾形，宽 4~7 cm，长 2~3 cm，下部互生，上部对生，5~7 深裂，每裂又 3~5 裂；小裂片线形，先端尖，两面有柔毛；下部茎生叶有长达 10 cm 的叶柄，上部的叶柄等于或短于叶片。③花：成对集生于茎端或叶腋，花序柄短或几无柄；花柄长 1~1.5 cm，有腺毛（腺体早落），萼片宽卵形，有长白毛，果期增大，长 5~7 mm，花瓣淡红色，与萼片等长或略长。④果：蒴果长约 2 cm，先端有长喙，成熟时裂开，5 果瓣向上卷曲。⑤种子：宽椭圆形，表面有网纹。⑥幼苗：子叶出土；下胚轴很发达，红色，上胚轴不发育；子叶肾形，具叶柄；初生叶与后生叶均为掌状深裂叶，有明显掌状脉，叶缘具睫毛，有长叶柄；幼苗除下胚轴外，全株密被短柔毛（图 3-48a、图 3-48b、图 3-48c）。

图 3-48a　野老鹳草幼株

图3-48b　野老鹳草开花结果株　　　　　　图3-48c　野老鹳草结果株及为害麦冬状

[发生特点]　多年生草本植物,花果期4~8月,以种子繁殖。为地被植物区域常见杂草,为害不重。

49. 蒺藜

蒺藜 *Tribulus terrestris* L.,又名蒺藜狗子、白蒺藜、名茨、旁通、屈人、止行、休羽、升推,属蒺藜科。

[分布范围]　该草分布于陕西、山西、河南、河北、山东、安徽、江苏、四川等地。

[识别特征]　①茎:由基部分枝,平卧地面,长可达1 m左右。②叶:双数羽状复叶互生,小叶6~14,对生,矩圆形,长0.6~1.5 cm,宽0.2~0.5 cm,先端锐尖或钝,基部偏斜,近圆形,全缘;托叶披针形,小而尖。③花:黄色,单生于叶腋;萼片5,宿存;花瓣5。④果:由5个果瓣组成,每果瓣有长短刺各1对,并有短硬毛及瘤状突起(图3-49a、图3-49b、图3-49c)。

图3-49a　蒺藜幼苗

图3-49b　蒺藜开花结果株　　　　　　图3-49c　蒺藜为害草坪状

［发生特点］　一年生草本,植株被绢丝状柔毛,灰绿色;花期5~8月,以种子繁殖。喜生于阳光充足的地方,耐干旱,耐瘠薄,生命力很强。为草坪常见杂草,为害不重。

50.地锦

地锦 *Euphorbia humifusa* Willd. ex Schlecht.,又名燕子蓑衣、红丝草、奶疳草,属大戟科。

［分布范围］　该草分布于吉林、辽宁、河北、河南、山东、安徽、江苏、浙江、福建、台湾等地。

［识别特征］　①茎:匍匐状,长10~30 cm,近基部分枝,通常浅红色,秋季变成红紫色,无毛。②叶:对生,矩圆形,长5~10 mm,宽4~6 mm,先端钝圆,基部偏斜,边缘有极小的锯齿,绿色或淡红色;花序单生于叶腋;总苞倒圆锥形,长约1 mm,浅红色,四裂。③果:蒴果,三棱状球形,宽约2 mm,无毛。④种子:卵形,黑褐色,被白色蜡粉,长约1.2 mm。⑤幼苗:平卧地面,茎红色,折断有白色乳汁;子叶长圆形,先端钝圆,有短柄,无毛;初生叶倒卵状椭圆形,无毛,叶缘毛端具细锯齿,有柄;下胚轴较发达,光滑,暗紫红色(图3-50a、图3-50b、图3-50c)。

图3-50a　地锦幼株

图3-50b　地锦成株

图3-50c　地锦为害草坪状

［发生特点］　一年生草本,花果期7~10月,以种子繁殖。为草坪常见杂草,为害不重。

51.铁苋菜

铁苋菜 *Acalypha australis* L.，又名老牛斜斜、海蚌含珠、小耳朵草，属大戟科。

[分布范围]　除西部高原或干燥地区外，该草在我国大部分省区均有分布。

[识别特征]　①茎：株高 30~50 cm，直立，分枝。②叶：互生，椭圆形、椭圆状披针形或卵状菱形，长 2.5~8 cm，宽 1.5~3.5 cm，基部有 3 出脉，边缘有钝齿，有长叶柄。③花：花序腋生，雌雄同花序，雄花多数生于花序上端，穗状；雌花生于叶状苞片内，此苞片开展时肾形，闭合时如蚌壳，故叫海蚌含

图3-51a　铁苋菜幼苗

珠。④果：较小，钝三角状，被粗毛。⑤幼苗：子叶长圆形，先端平截，基部近圆形，脉 3 出，有长柄；上、下胚轴发达；初生叶对生，卵形，先端锐尖，叶缘钝齿状，基部近圆形，密生短柔毛，有长柄（图3-51a、图3-51b、图3-51c）。

图3-51b　铁苋菜成株

图3-51c　铁苋菜为害草坪状

[发生特点]　一年生草本，花期 7~8 月，花期 9~10 月，以种子繁殖。为草坪及地被植物区域常见杂草，为害不重。

52.乌蔹莓

乌蔹莓 *Cayratia japonica*（Thunb.）Gagnep.，又名五爪龙、乌蔹草、五叶藤、母猪藤，属葡萄科。

[分布范围]　该草分布于陕西、河南、山东、安徽、江苏、浙江、湖北、湖南、福建、台湾、

广东、广西、海南、四川、贵州、云南等地。

[识别特征]　①茎：具卷须,幼枝有柔毛,后变光滑。②叶：鸟足状复叶；小叶5,椭圆形至狭卵形,长2.5~7 cm,宽2.5~3 cm,顶端具短尖,基部楔形或圆形,边缘有疏锯齿,两面中脉具毛,中间小叶较大,侧生小叶较小,各具小分叶柄,总叶柄长3~5 cm。③花：聚伞花序腋生,直径6~15 cm,花序梗长3~12 cm；花小,黄绿色,具短柄,外生粉状微毛或近无毛；花瓣4,顶端无小角或有极轻微小角；雄蕊4,与花瓣对生,花药长椭圆形。④果：浆果卵形,长约7 mm,成熟时黑色。⑤幼苗：子叶阔卵形,先端钝尖,叶基圆形,有5条主脉；下胚轴极发达；初生叶为掌状复叶,小叶叶片卵形,先端渐尖,叶缘有大小不一的疏锯齿,有长柄；第2后生叶开始为鸟足状掌状复叶(图3-52a、图3-52b、图3-52c)。

图3-52a　乌蔹莓幼株及为害草坪状

图3-52b　乌蔹莓开花株

图3-52c　乌蔹莓开花结果状

[发生特点]　多年生草质藤本,花期6~7月,果期8~9月,以种子繁殖。喜生于阴湿的环境。为草坪及地被植物区域常见杂草,为害不重。

53.苘麻

苘麻*Abutilon theophrasti* Medic.,又名苘、苘馍馍儿、青麻、野苎麻、白麻,属锦葵科。

[分布范围]　该草分布于吉林、辽宁、陕西、山西、宁夏、新疆、河北、河南、山东、江苏、安徽、浙江、台湾、福建、江西、湖北、湖南、广东、海南、广西、贵州、云南、四川等地。

[识别特征]　①茎：株高1~2 mm,直立,具软毛。②叶：互生,圆心形,直径7~18 cm,先端尖,基部心形,边缘具圆齿,两面密生柔毛；叶柄长8~18 cm。③花：单生于叶腋；花梗长0.8~2.5 cm,粗壮；花萼绿色,下部呈管状,上部5裂,裂片圆卵形,先端尖锐；花瓣5,黄

色,较萼稍长,瓣上具明显脉纹;心皮15~20,长1~1.5 cm,顶端平截,轮状排列,密被软毛,各心皮有扩展、被毛的长芒2枚。④果:蒴果成熟后裂开。⑤种子:肾形、褐色,具微毛。⑥幼苗:全体被毛;子叶心形,先端钝,基部心形,有长叶柄;初生叶卵圆形,先端钝尖,基部心形,叶缘有钝齿,叶脉明显;下胚轴发达(图3-53a、图3-53b、图3-53c)。

图3-53a　苘麻幼株

图3-53b　苘麻开花结果株

图3-53c　苘麻为害草坪状

[发生特点]　一年生草本,花期7~8月,果期9~10月,以种子繁殖。适生于较湿润而肥沃的土壤。为草坪及地被植物区域常见杂草,为害不重。

54.野西瓜苗

野西瓜苗 Hibiscus frioum L.,又名灯笼草、香铃草、小秋葵、山西瓜秧、打瓜花,属锦葵科。

[分布范围]　该草分布于全国各地。

[识别特征]　①茎:茎梢柔软,直立或稍卧生。②叶:基部叶近圆形,边缘具齿裂,中部和下部的叶掌状,3~5深裂,中间裂片较大,裂片倒卵状长圆形,先端钝,边缘具羽状缺刻或大锯齿。③花:单生于叶腋,花梗长2~5 cm;小苞片多数,线形,具缘毛;花萼5裂,膜质,上具绿色纵脉;雄蕊多数,花丝相结合成圆筒,包裹花柱;子房5室,花柱顶端5裂,柱头头状。④果:蒴果圆球形,有长毛。⑤种子:成熟后黑褐色,粗糙而无毛。⑥幼苗:子叶近圆形或卵圆形,有柄,柄具毛;初生叶近方形,先端微凹,基部近心形,叶缘有钝齿及疏睫毛。下胚轴发达,上胚轴较发达,均被毛(图3-54a、图3-54b、图3-54c)。

[发生特点]　一年生草本,全体被有疏密不等的细软毛。4~5月出苗,花果期6~8月,以种子繁殖。较耐旱。为草坪及地被植物区域常见杂草,为害不重。

图 3-54a　野西瓜苗成株

图 3-54c　野西瓜苗结果状

图 3-54b　野西瓜苗开花状

55.紫花地丁

紫花地丁 *Viola philippica* Cav.，又名米布袋、光瓣堇菜、独行虎、羊角子、野堇菜、光瓣堇菜，属堇菜科。

［分布范围］　该草分布于黑龙江、吉林、辽宁、内蒙古、河北、山西、陕西、甘肃、山东、江苏、安徽、浙江、江西、福建、台湾、河南、湖北、湖南、广西、四川、贵州、云南等地。

［识别特征］　①根：主根较粗。②根状茎：很短。③叶：基生，具长柄；叶片纸质，狭披针形至卵状披针形，长 2~6 cm，顶端钝或圆，基部微心形，明显下延，边缘有浅圆齿，两面被疏柔毛；托叶膜质，分离部分钻状三角形，有缘毛。④花：春季开放，紫色，左右对称，具长而上部弧曲的花梗；萼片 5，卵状披针形，基部延伸为半圆形的附属器，附属器顶端截平、圆或有小齿；花瓣 5，倒卵椭圆形，下方一片大，基部有细管状的距；雄蕊 5，下方 2 枚有腺状附属体伸至距内，药隔顶端具膜质附属体。⑤果：蒴果长圆形，长 5~12 mm，无毛。⑥种子：卵球形，长 1.8 mm，淡黄色（图 3-55a、图 3-55b、图 3-55c）。

［发生特点］　多年生莲座状草本，花果期 4 月中下旬至 9 月，以种子繁殖。喜半阴的

环境和湿润的土壤,但在阳光下和较干燥的地方也能生长,耐寒、耐旱,对土壤要求不严。为草坪及地被植物区域常见杂草,为害不重。

图3-55b　紫花地丁开花株

图3-55a　紫花地丁幼苗

图3-55c　紫花地丁为害草坪状

56.小花山桃草

小花山桃草 *Gaura parviflora* Doug.,属柳叶菜科。

[分布范围]　该草分布于河北、河南、山东、安徽、江苏、湖北、福建等地。

[识别特征]　①根:主根径达2 cm。②茎:株高50~100 cm,分枝,直立,不分枝,或在顶部花序之下少数分枝。③叶:基生叶宽倒披针形,长达12 cm,宽达2.5 cm,先端锐尖,基部渐狭下延至柄;茎生叶狭椭圆形、长圆状卵形,有时菱状卵形,长2~10 cm,宽0.5~2.5 cm,先端渐尖或锐尖,基部楔形下延至柄,侧脉6~12对。④花:花序穗状,有时有少数分枝,生茎枝顶端,常下垂,长8~35 cm;苞片线形,长2.5~10 mm,宽0.3~1 mm;花傍晚开放;花管带红色,长1.5~3 mm,径约0.3 mm;萼片绿色,线状披针形,长2~3 mm,宽0.5~0.8 mm,花期反折;花瓣白色,以后变红色,倒卵形,长1.5~3 mm,宽1~1.5 mm,先端钝,基部具爪;花丝长1.5~2.5 mm,基部具鳞片状附属物,花药黄色,长圆形,长0.5~0.8 mm,花粉在开花时或开花前直接授粉在柱头上(自花受精);花柱长3~6 mm,伸出花管部分长1.5~2.2 mm;柱头围以花药,具深4裂。⑤果:蒴果坚果状,纺锤形,长5~10 mm,径1.5~3 mm,具不明显4棱。⑥种子:4枚,或3枚(其中1室的胚珠不发育),卵状,长3~4 mm,径

1~1.5 mm,红棕色(图 3-56a、图 3-56b、图 3-56c、图 3-56d)。

图 3-56a 小花山桃草幼苗

图 3-56b 小花山桃草幼株

图 3-56c 小花山桃草成株及为害草坪状

图 3-56d 小花山桃草开花株

[发生特点] 一年生或越年生草本,全株有长柔毛。花期 7~8 月,果期 8~9 月,以种子繁殖。其原产于北美大草原,20 世纪 50 年代引种栽培后逸生为杂草。该草生活力强,适应性广,繁殖迅速,是为害性较大的外来植物之一。

57.罗布麻

罗布麻 *Apocynum venetum* L.,又名茶叶花、茶棵子、野麻、野茶,属夹竹桃科。

[分布范围] 该草分布于新疆、甘肃、青海、宁夏、内蒙古、辽宁、河北、河南、山东、陕西、山西、安徽、江苏等地。

[识别特征] ①茎:株高 1~4 m,一般 1~2 mm,直立,具分枝,光滑无毛,紫红色或淡红色。②叶:对生,叶片椭圆状披针形至长圆形,长 1~6 cm,宽 0.5~1.5 cm,具短尖头,无毛,有叶柄。③花:圆锥状聚伞花序,通常顶生,有时腋生;花梗长约 0.4 cm,被短柔毛;花冠圆筒状钟形,筒长 0.6~0.8 cm,直径 0.2~0.3 cm,紫红色或粉红色,两面密被颗粒状突起,花冠裂片卵圆状长圆形,少数为宽三角形,顶端钝或浑圆,长 0.3~0.4 cm,宽约 0.2 cm。④果:蓇葖果 2 枚,平行或叉生,下垂,长 8~20 cm,直径 0.2~0.4 cm,外果皮棕色,无毛,有细纵纹。⑤种子:黄褐色,长圆形,长 0.2~0.3 cm,直径不足 0.1 cm;顶端有一簇白色绢质

的种毛,长1.5~2.5 cm(图3-57a、图3-57b、图3-57c、图3-57d)。

[发生特点] 直立半灌木,全株具乳汁。花果期5~11月,以根芽及种子繁殖。多为害盐碱地带的草坪及地被植物,发生不重。

图3-57a 罗布麻幼苗

图3-57b 罗布麻幼株

图3-57c 罗布麻开花株

图3-57d 罗布麻开花结果状

58.萝藦

萝藦 *Metaplexis japonica* (Thunb.) Makino,又名天将壳、飞来鹤、赖瓜瓢,属萝藦科。

[分布范围] 该草分布于辽宁、陕西、河北、河南、山东、江苏、浙江、湖北、福建、四川等地。

[识别特征] ①根状茎:地下横走,黄白色。②茎:缠绕,长可达2 mm以上,幼时密被短柔毛。③叶:对生,卵状心形,两面无毛,叶背面粉绿或灰绿色;具柄,顶端丛生腺体。④花:总状式聚伞花序腋生;总花梗长6~12 cm;花蕾圆锥状;萼片5裂,裂片披针形,被柔

毛;花冠白色,有淡紫红色斑纹,近辐状,5裂,裂片披针形,顶端反折,内面被柔毛;副花冠环状,5短裂,生于合蕊冠上;柱头延伸成长喙,长于花冠,顶端2裂。⑤果:蓇葖果长卵形,角状,双生;长约10 cm,宽3 cm。⑥种子:褐色,顶端具白色种毛。⑦幼苗:上、下胚轴都很发达;出土萌发;子叶长椭圆形,全缘,具叶柄;初生叶2片,对生,卵形,具长柄;后生叶与初生叶相似(图3-58a、图3-58b、图3-58c、图3-58d)。

[发生特点] 直立半灌木,全株具乳汁。花果期5~11月,以根芽及种子繁殖。多为害盐碱地带的草坪及地被植物,发生不重。

图3-58a 萝藦幼株

图3-58b 萝藦成株

图3-58c 萝藦开花状

图3-58d 萝藦果实状

59.鹅绒藤

鹅绒藤 *Cynanchum chinense* R. Br.,又名羊奶角角、祖子花、趋姐姐叶、老牛肿,属萝藦科。

[分布范围] 该草分布于辽宁、陕西、山西、宁夏、甘肃、河北、河南、山东、江苏、浙江等地。

[识别特征] ①根:主根圆柱状,长约20 cm,直径约5 mm,干后灰黄色。②茎:缠绕草本,全株被短柔毛。③叶:对生,薄纸质,宽三角状心形,长4~9 cm,宽4~7 cm,顶端锐尖,基部心形,叶面深绿色,叶背苍白色,两面均被短柔毛,脉上较密;侧脉约10对,在叶背略为隆起。④花:伞形聚伞花序腋生,两歧,着花约20朵;花萼外面被柔毛;花冠白色,裂片长圆状披针形;副花冠二形,杯状,上端裂成10个丝状体,分为两轮,外轮约与花冠裂片等长,内轮略短;花粉块每室1个,下垂;花柱头略为突起,顶端2裂。⑤果:蓇葖双生或仅有1个发育,细圆柱状,向端部渐尖,长11 cm,直径5 mm。⑥种子:长圆形;种毛白色绢质(图3-59a、图3-59b、图3-59c)。

图3-59a 鹅绒藤幼株

[发生特点] 多年生缠绕草本,花期6~8月,果期8~10月。春季由根芽萌发,实生苗多在秋季出土。为地被植物区域常见杂草,为害不重。

图3-59b 鹅绒藤成株

图3-59c 鹅绒藤开花结果株

60.圆叶牵牛

圆叶牵牛 *Pharbitis purpurea* (L.) Voigt.,又名牵牛郎花、紫牵牛、毛牵牛,属旋花科。

[分布范围] 该草原产美洲热带地区,属于外来有害生物,现广泛分布于我国南北方各地。

[识别特征] ①茎:长2~3 m,被短柔毛和倒向的长硬毛。②叶:圆卵形或阔卵形,长4~18 cm,宽3.5~16.5 cm,被糙伏毛,基部心形,边缘全缘或3裂,先端急尖或急渐尖;叶柄长2~12 cm。③花:花序1~5花;花序轴长4~12 cm;苞片线形,长6~7 mm,被伸展的长硬毛;花梗至少在开花后下弯,长1.2~1.5 cm;萼片近等大,长1.1~1.6 cm,基部被开展的长

硬毛,靠外的3枚长圆形,先端渐尖;靠内的2枚线状披针形;花冠紫色、淡红色或白色,漏斗状,长4~6 cm,无毛;雄蕊内藏,不等大,花丝基部被短柔毛;雌蕊内藏,子房无毛,3室,柱头3裂;每朵花可以结1~6粒种子。④果:蒴果近球形,直径9~10 mm,3瓣裂。⑤种子:黑色或禾秆色,卵球状三棱形,无毛或种脐处疏被柔毛(图3-60a、图3-60b、图3-60c)。

[发生特点]　一年生草本,花期5~10月,果期8~11月,以种子繁殖。属阳性杂草,喜温暖,不耐寒,耐干旱,耐瘠薄。为草坪及地被植物区域常见杂草,为害不重。

图3-60a　圆叶牵牛幼苗

图3-60b　圆叶牵牛成株

图3-60c　圆叶牵牛开花状

61.裂叶牵牛

裂叶牵牛 *Pharbitis nil* (L.) Choisy,又名喇叭花子、二丑、牵牛子,属旋花科。

[分布范围]　该草原产美洲热带地区,属于外来有害生物,现广泛分布于我国南北方各地。

[识别特征]　①茎:缠绕,多分枝。②叶:互生,近卵状心形,长8~15 cm,常3裂,裂口宽而圆,顶端尖,基部心形;叶柄长5~7 cm。③花:花序有花1~3朵,总花梗稍短于叶柄;萼片5,基部密被开展的粗硬毛,裂片条状披针形,长2~2.5 cm,顶端尾尖;花冠漏斗状,白色、淡紫色或紫红色,长5~8 cm,顶端5浅裂。④果:蒴果球形。⑤种子:每果5~6个,卵圆形,无毛(图3-61a、图3-61b、图3-61c)。

[发生特点]　一年生缠绕草本,全株被粗硬毛,以种子繁殖。4~5月萌发,花期6~9月,果期7~10月。适应性很广。为草坪及地被植物区域常见杂草,为害不重。

图 3-61a　裂叶牵牛幼株

图 3-61b　裂叶牵牛开花状

图 3-61c　裂叶牵牛结果状

62.牵牛

牵牛 *Pharbitis hederacea*（Linn.）Choisy,属旋花科。

[分布范围]　该草原产美洲热带地区,属于外来有害生物,现广泛分布于我国南北方各地。

[识别特征]　①茎:缠绕,分枝。②叶:心形或卵状心形,常 3 裂稀 5 裂,长 8~15 cm,

图 3-62a　牵牛幼株及为害草坪状

中裂片长卵圆形,基部不收缩,侧裂片底部宽圆,顶端尖,基部心形;叶柄长 3~7 cm。③花:花序腋生,1~3 朵;总花梗短或长于叶柄;苞片细长;萼线状披针形,长 2~3 cm,先端尾尖,基部扩大被有开展的长硬毛。花冠漏斗形,白色、蓝紫色或紫红色,长 5~8 cm,5 浅裂;雄蕊不等长,花丝基部稍肿大,有小鳞毛;子房 3 室,柱头头状,2 或 3 裂。④果:蒴果球形,光滑。⑤种子:每果 5~6 个,卵圆形,无毛(图 3-62a、图 3-62b、图 3-62c)。

[发生特点] 一年生草本,全株被粗硬毛,花期8~10月,果熟期9~11月,以种子繁殖。为草坪及地被植物区域常见杂草,为害不重。

图3-62b 牵牛成株

图3-62c 牵牛为害鸢尾状

63.打碗花

打碗花 *Calystegia hederacea* Wall. ex Roxb.,又名夫子苗、小旋花、面根藤、狗儿蔓,属旋花科。

[分布范围] 该草广泛分布于我国南北各地。

[识别特征] ①茎:蔓生、缠绕或匍匐分枝,光滑。②叶:互生,有长柄;基部的叶全缘,近椭圆形,长 1.5~4.5 cm,基部心形;茎上部的叶三角状戟形,顶端钝尖,侧裂片开展,通常2裂。③花:单生于叶腋,花梗长 2.5~5.5 cm;苞片2,卵圆形,包住花萼,宿存;萼片5,矩圆形;花冠漏斗状,粉红色,长 2~2.5 cm;子房2室,柱状2裂。④果:蒴果卵圆形,光滑。⑤种子:卵圆形,黑褐色。⑥幼苗:粗壮,光滑无毛;子叶近方形,长约 1 cm,先端微凹,有长柄;初生叶阔卵形,先端钝圆,基部耳垂形全缘,叶柄与叶片几等长;下胚轴较发达(图 3-63a、图 3-63b、图3-63c)。

图3-63a 打碗花幼苗

[发生特点] 多年生蔓性草本,有粗壮的地下茎,以地下茎芽和种子繁殖。田间以无性繁殖为主,地下茎质脆易断,每个带节的断体都能长出新的植株。花果期5~7月。其适生于湿润肥沃的土壤,亦耐瘠薄、干旱。为害较重,有些地方已成为恶性杂草。

图3-63b 打碗花开花株

图3-63c 打碗花为害麦冬状

64.毛打碗花

毛打碗花 *Calystegia dahurica*（Herb.）Choisy，又名马刺楷，属旋花科。

[**分布范围**] 该草分布于东北、华北以及陕西、甘肃、山东、河南、江苏、四川等地。

[**识别特征**] ①茎：缠绕，伸长，有细棱。②叶：通常为卵状长圆形，长4~6 cm，基部戟形，基部裂片不明显伸长，圆钝或2裂，有时裂片3裂，中裂片长圆形，侧裂片平展，三角形，下侧有1小裂片；叶柄较短，1~4 cm。③花：单生叶腋，花梗长于叶片；苞片宽卵形，长5~15 cm，萼片5，无毛；花冠淡红色，漏斗状，雄蕊5，花丝基部扩大。④果：蒴果球形，稍长于萼片（图3-64a、图3-64b、图3-64c）。

[**发生特点**] 多年生草本植物，除花萼、花冠外植物体各部分均被短柔毛。花期7~9月，果期8~10月，以地下茎芽和种子繁殖。为草坪及地被植物区域常见杂草，为害较重。

图3-64a 毛打碗花幼苗

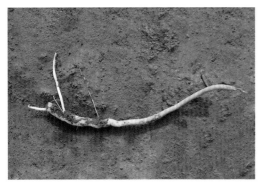

图3-64b 毛打碗花地下根状茎

图3-64c 毛打碗花开花株

65.长裂旋花

长裂旋花 *Calystegia sepium* (Linn.) R. Br. var. *japonica* (Choisy) Makino,又名面根藤、包颈草、野苕、饭豆藤、饭藤子,属旋花科。

[分布范围]　该草分布于山东、河南、江苏、安徽、浙江、湖北、湖南、贵州、云南等地。

[识别特征]　①茎:缠绕,伸长,有细棱。②叶:叶形多变,三角状卵形或宽卵形,长4~10(15)cm或以上,宽2~6(10)cm或更宽,顶端渐尖或锐尖,基部戟形或心形,全缘或基部稍伸展为具2~3个大齿缺的裂片;叶柄常短于叶片或两者近等长。③花:腋生,1朵;花梗通常稍长于叶柄,长达10 cm,有细棱或有时具狭翅;苞片宽卵形,长1.5~2.3 cm,顶端锐尖;萼片卵形,长1.2~1.6 cm,顶端渐尖或有时锐尖;花冠通常白色或有时淡红或紫色,漏斗状,长5~6(7)cm,冠檐微裂;雄蕊花丝基部扩大,被小鳞毛;子房无毛,柱头2裂,裂片卵形,扁平。④果:蒴果卵形,长约1 cm,为增大宿存的苞片和萼片所包被。⑤种子:黑褐色,长4 mm,表面有小疣(图3-65)。

图3-65　长裂旋花开花株

[发生特点]　多年生草本,全株体表不被毛。花期5~8月,果期6~9月,以地下茎芽和种子繁殖。为草坪及地被植物区域常见杂草,为害不重。

66.田旋花

田旋花 *Convolvulus arvensis* L.,又名中国旋花、箭叶旋花,属旋花科。

[分布范围]　该草分布于东北、西北、华北、华东、四川等地。

[识别特征]　①茎:根状茎地下横走;地上茎蔓生或缠绕,有棱角或条纹。②叶:互生,戟形,长2.5~5 cm,宽1~3.5 cm,全缘或3裂,中裂片大,侧裂片展开,略尖;叶柄长1~2 cm,约为叶片长的三分之一。③花:花序腋生,有花1~3朵,花梗长3~8 cm;苞片2,线形,与萼远离;萼片5,卵圆形;花冠漏斗状,长约2 cm,粉红色,顶端5浅裂;子房2室,柱头2裂。④果:蒴果球形或圆锥形。⑤种子:4个,黑褐色。⑥幼苗:子叶近方形,先端微凹,基部近楔形,长约1 cm;有柄,叶脉明显;初生叶近矩圆形,先端圆,基部两侧稍向外突出成距,有叶柄;上、下胚轴均发达(图3-66a、图3-66b、图3-66c)。

图3-66a　田旋花幼株及为害草坪状

图3-66b　田旋花成株

图3-66c　田旋花开花株

[发生特点]　多年生蔓性草本,花期5~8月,果期6~9月,以地下茎芽和种子繁殖。秋季近地面处的根茎产生越冬芽,第2年长出新植株,萌生苗与实生苗相似,但比实生苗萌发早,铲断的地下茎有节也能发生新株。为旱作地常见杂草。

67.麦家公

麦家公 *Lithospermum arvense* L.,又名田紫草,属紫草科。

[分布范围]　该草分布于黑龙江、吉林、辽宁、陕西、山西、甘肃、新疆、河北、山东、江苏、安徽、浙江、湖北等地。

[识别特征]　①茎:株高13~40 cm,茎的基部或根的上部略带淡紫色。②叶:狭披针形或倒卵状椭圆形,长1~4 cm,宽3~10 mm,顶端圆钝,基部狭楔形。③花:有短柄;花萼裂片线形;花冠白色,长6~7 mm,外面有毛,喉部无鳞片;雄蕊生于花冠管的中部以下。④果:小坚果灰白色,顶端狭,表面有瘤状突起(图3-67a、图3-67b)。

图3-67a　麦家公幼株

图3-67b　麦家公开花株

[发生特点]　一年生草本,以种子繁殖,以幼苗或种子越冬,繁殖力强。为草坪及地被植物区域常见杂草,为害不重。

68.斑种草

斑种草 *Bothriospermum chinense* Bunge,又名山蚂蝗、毛罗菜,属紫草科。

[分布范围]　该草分布于辽宁、陕西、山西、甘肃、河北、山东、河南、江苏等地。

[识别特征]　①茎:株高20~40 cm,通常由基部分枝,枝斜升或直立,被开展的硬毛。②叶:基生叶和茎下部叶具柄,叶片匙形或倒披针形,长2~10 cm,宽5~15 mm,叶缘常皱波状,两面被短糙毛。③花:镰状聚伞花序长可达25 cm,苞片卵形或狭卵形,边缘皱波状;花腋外生,花梗轻短;花萼裂片5,狭披针形,长3~5 mm,有毛;花冠淡蓝色,直径约5 mm,筒长约4 mm,喉部有5个鳞片状附属物;雄蕊5,子房4裂。④果:小坚果4,肾形,有网状皱褶,腹面中部有横向凹陷(图3-68a、图3-68b)。

图3-68a　斑种草幼株　　　　　　　图3-68b　斑种草开花株

[发生特点]　一年生或越年生草本,晚秋或早春出苗。花期3~6月,果期5~8月,以种子繁殖。生于低山、丘陵坡地、平原草地。为草坪及地被植物区域常见杂草,为害不重。

69.多苞斑种草

多苞斑种草 *Bothriospermum secundum* Maxim.,又名毛细累子草,属紫草科。

[分布范围]　该草分布于黑龙江、吉林、辽宁、陕西、山西、甘肃、河北、山东、江苏、云南等地。

[识别特征]　①茎:株高20~45 cm,直立或上升,被开展的糙毛,有分枝。②叶:基生叶具柄,倒卵状长圆形,长2~5 cm,先端钝,基部渐狭为叶柄;茎生叶长圆形或卵状披针形,长2~4 cm,宽0.5~1 cm,无柄,两面均被基部具基盘的硬毛及短硬毛。③花:花序生茎顶及腋生枝条顶端,花与苞片依次排列,各偏于一侧;苞片长圆形或卵状披针形,被硬毛及短伏毛;花梗果期不增长或稍增长,下垂;花萼外面密生硬毛,裂片披针形,裂至基部;花冠蓝色至淡蓝色,裂片圆形,喉部附属物梯形,先端微凹;花药长圆形,长与附属物略等,花丝极短,着生花冠筒基部以上1 mm处;花柱圆柱形,极短,约为花萼1/3,柱头头状。④果:小坚果卵状椭圆形,长约2 mm,密生疣状突起,腹面有纵椭圆形的环状凹陷(图3-69a、图3-69b)。

图3-69a　多苞斑种草开花株

图3-69b　多苞斑种草为害草坪状

［发生特点］　一年生或越年生草本，花期5~7月，果期6~8月，以种子繁殖。为草坪及地被植物区域常见杂草，为害不重。

70.附地菜

附地菜 *Trigonotis peduncularis*（Trev.）Benth. ex Baker et Moore，又名黄瓜香、伏地菜、鸡肠、鸡肠草、地胡椒，属紫草科。

［分布范围］　该草广泛分布于我国南北各地。

［识别特征］　①茎：株高30~50 cm，通常自基部分枝，纤细，直立或斜升，具短糙伏毛。②叶：互生，匙形、椭圆形或椭圆状卵形，长1~2 cm，宽5~15 mm，先端圆钝或尖锐，基部窄狭，下部叶具短柄，上部叶无柄，两面均具短糙伏毛。③花：总状花序生于枝端，细长，长达20 cm，只在基部有2~3个苞片，有短糙伏毛；花通常生于花序的一侧，有细柄；花萼长1~1.5 mm，5深裂，裂片矩圆形或披针形，顶端尖锐；花冠直径1.5~2 mm，淡蓝色，喉部黄色，5裂，裂片卵圆形，短圆钝；喉部附属物5；雄蕊5，内藏；子房四裂。④果：小坚果四面体形，长约0.8 mm，疏生短毛或无毛，有短柄，棱尖锐。⑤幼苗：全株被糙伏毛；子叶近圆形，全缘，有短柄，初生叶与子叶相似，中脉微凹，有长柄（图3-70a、图3-70b、图3-70c）。

［发生特点］　一年生或越年生草本，花期5~6月，以种子繁殖。适生于较湿润的环境。为草坪及地被植物区域常见杂草，为害不重。

图3-70a　附地菜为害草坪状

图 3-70b　附地菜幼苗　　　　　　　　　图 3-70c　附地菜开花株

71.砂引草

砂引草 *Messerschmidia sibirica* L. var. *angustior*（DC.）W.T.Wang,又名细叶砂引草、羊担子,属紫草科。

[分布范围]　该草分布于黑龙江、吉林、辽宁、河北、河南、山东、陕西、甘肃、宁夏等地。

[识别特征]　①根茎:细长。②茎:株高 10~30 cm,直立,有分枝,密被白色长柔毛。③叶:无柄或近于无柄,叶片狭长圆形至线形或线状披针形,长 1~3.5 cm,宽 2~6 mm,全缘,两面贴生白色长柔毛。④花:聚伞花序伞房状,近二叉状分枝,花密集,花萼5深裂,裂片披针形,长约 2.5 mm,密被白色柔毛;花冠白色,漏斗状,花冠筒长约 5 mm,裂片5,长约 4 mm;雄蕊6,内藏;子房4室,每室具1胚珠,柱头2浅裂,下部环状膨大。⑤果:核果近圆形,长 7~8 mm,宽 5~8 mm,先端平截,具纵棱,密生短柔毛,成熟时分裂为2个各含2粒种子的分核(图3-71a、图3-71b、图3-71c、图3-71d)。

[发生特点]　多年生草本,花期5~6月,果期7~8月,以根茎及种子繁殖。多为害盐碱地带的草坪及地被植物,发生不重。

图 3-71a　砂引草幼株及为害草坪状　　　　　图 3-71b　砂引草开花株

图3-71c　砂引草结果状

图3-71d　砂引草为害地被石竹状

72.益母草

益母草 *Leonurus artermisia*（Lour.）S.Y.Hu，又名益母蒿、益母艾、红花艾，属唇形科。

［分布范围］　该草分布于全国各地。

［识别特征］　①茎：株高30~120 cm，全株有白色短毛，茎秆方形。②叶：茎下部叶阔卵形，掌状3裂，其上再分裂，花序上的叶条形或条状披针形，裂片宽在3 mm以上。③花：轮伞花序的轮廓为圆形，有刺状小苞片；萼钟形，有5脉，齿5；花冠紫红色，长1~1.2 cm，上唇圆形，下唇3裂；雄蕊4，伸出花冠外。④果：小坚果矩圆状三棱形，黑褐色（图3-72a、图3-72b、图3-72c、图3-72d）。

［发生特点］　一年生或越年生草本，花期6~8月，果期8~10月，以种子繁殖。为草坪及地被植物区域常见杂草，为害不重。

图3-72a　益母草开花株

图3-72b　益母草为害草坪状

图3-72c　益母草幼苗　　　　　　　　　　图3-72d　益母草幼株

73.夏至草

夏至草 *Lagopsis supina*（Steph.）Ik.-Gal. ex Knorr.，又名灯笼棵、白花夏枯草，属唇形科。

［分布范围］　该草分布于黑龙江、吉林、辽宁、内蒙古、陕西、山西、甘肃、青海、新疆、山东、河南、江苏、安徽、浙江、湖北、四川、贵州、云南等地。

［识别特征］　①茎：株高15~35 cm，直立，四棱，有毛。②叶：对生，掌状3深裂，越冬叶较宽大，边缘有钝齿或小裂，两面均密生细毛。③花：轮伞花序，有花6~10朵，花轮间隔较长；苞片刺状，萼筒状钟形，有5脉，顶端有5尖齿，上唇3齿较下唇2齿长；花冠白色，长约7 mm，二唇形，上唇全缘，较下唇长，下唇3裂；雄蕊4，2强，包在花冠筒内。④果：小坚果褐色，长卵形（图3-73a、图3-73b、图3-73c、图3-73d）。

图3-73a　夏至草幼株　　　　　　　　图3-73b　夏至草开花株及为害二月兰状

图3-73c　夏至草为害玉簪状　　　　　　　图3-73d　夏至草为害马蔺状

　　[发生特点]　多年生草本,种子当年萌发,产生莲座状叶的植株越冬。翌年开花结果,花期3~4月,果期5~6月,以种子繁殖。喜肥沃性土壤,适应性强。为草坪及地被植物区域常见杂草,为害不重。

74.荔枝草

　　荔枝草*Salvia plebeia* R. Br.,又名雪见草、癞蛤蟆草、皱皮草、蛤蟆皮,属唇形科。

　　[分布范围]　除新疆、甘肃、青海、西藏外,该草几乎分布全国各地。

　　[识别特征]　①茎:株高15~90 cm,方形,多分枝,被倒向疏柔毛。②叶:根出叶丛生,有柄,叶片长圆形或披针形,边缘有圆齿,叶面皱折,面丰有腺点,两面有毛;茎生叶对生。③花:轮伞花序有2~6朵花,组成假总状花序或圆锥花序;花萼钟形,轮伞花序有2~6朵花,组成假总状花序或圆锥花序;花萼钟形,外被金黄色腺点及柔毛,分2唇,上唇顶端具3短尖头,下唇2齿;花冠唇形,淡紫色至蓝紫色,长约4.5 mm,外面有毛,筒内基部有毛环,上唇长圆形;顶端有凹口,下唇3裂,中裂片宽倒心形;雄蕊2,药隔细长,药室分离甚远,上端的药室发育,下端的药室不发育。④果:小坚果倒卵圆形,褐色,平滑,有腺点。⑤幼苗:子叶阔卵形,先端钝圆,叶基圆形,有柄;下胚轴较发达;初生叶对生,阔卵形,先端钝圆,叶基楔形,叶缘微波状,有1条明显中脉,有叶柄;后生叶椭圆形,叶缘波状,表面微皱,有明显羽状叶脉(图3-74a、图3-74b、图3-74c)。

　　[发生特点]　一年生或越年生草本,花期4~5月,果期6~7月,以种子繁殖。为草坪及地被植物区域常见杂草,为害不重。

图 3-74a　荔枝草幼株

图 3-74c　荔枝草为害草坪状

图 3-74b　荔枝草开花株

75.龙葵

龙葵 *Solanum nigrum* L.,又名燕莜、莜莜、地泡子、黑姑娘、黑茄、黑茄子、黑星星,属茄科。

[分布范围]　该草分布于全国各地。

[识别特征]　①茎:株高 0.3~1 m,直立,多分枝微有棱。②叶:互生,卵形,质薄,长 2.5~10 cm,宽 1.5~5.5 cm,顶端渐尖,基部广楔形,下延成柄;全缘或有不规则的波状粗齿,两面光滑或有短疏柔毛;叶柄长 1~2 cm。③花:花序腋外生,聚伞花序短蝎尾状,有花 4~10 朵;总花梗长 1~2.5 cm;花梗长约 5 mm,下垂;花萼杯状,直径 1.5~2 mm,外被疏细毛,5 裂,裂片卵状三角形;花冠白色,辐状,5 裂裂片亦呈卵状三角状,长约 3 mm;雄蕊 5,着生于花冠管口,花丝分离;子房卵形,无毛,2 室,花柱中部以下密生白长绒毛,柱头圆形。④果:浆果球形,直径约 8 mm,成熟时黑色。⑤种子:近卵形,径约 2.5 mm,两侧压扁(图 3-75a、图 3-75b、图 3-75c、图 3-75d)。

[发生特点]　一年生草本,夏季开花结果,以种子繁殖。为草坪及地被植物区域常见杂草,为害不重。

图3-75a　龙葵幼苗及为害草坪状

图3-75b　龙葵幼株

图3-75c　龙葵开花结果株

图3-75d　龙葵结果状

76. 苦蘵

苦蘵 *Physalis angulata* L.，又名灯笼草、灯笼泡、天泡草，属茄科。

[分布范围]　该草分布于华东、华中、华南、西南各地。

[识别特征]　①茎：直立，株高30~50 cm，多分枝，分枝纤细。②叶：卵形至卵状椭圆形，长3~6 cm，宽2~4 cm，先端渐尖或急尖，基部阔楔形，全缘或有不等大的锯齿，两面近无毛；叶柄长1~5 cm。③花：较小；花梗被短柔毛；花萼5裂，裂片披针形，花冠淡黄色，喉部常有紫色斑纹，直径6~8 mm；花药蓝紫色。④果：浆果球形，外包以膨大的草绿色宿存花萼。⑤种子：肾形或近卵圆形，两侧扁平，长约2 mm，淡棕褐色，表面具细网状纹，网孔密而深。⑥幼苗：子叶阔卵形，先端急尖，边缘具睫毛，叶基圆形，有长柄；下胚轴极发达，上胚轴明显；初生叶阔卵形，先端急尖，叶基圆形，全缘，有长叶柄；后生叶的叶缘呈波状（图3-76a、图3-76b、图3-76c）。

图3-76a　苦蘵开花结果株

［发生特点］ 一年生草本,全体近无毛或仅生稀疏短柔毛。花果期5~10月,以种子繁殖。为草坪及地被植物区域常见杂草,为害不重。

图3-76b 苦蘵结果状

图3-76c 苦蘵为害草坪状

77.婆婆纳

婆婆纳 *Veronica didyma* Tenore,又名卵子草、石补钉、双铜锤、双肾草、桑肾子,属玄参科。

［分布范围］ 该草分布于陕西、甘肃、青海、新疆、北京、河北、山东、河南、江苏、上海、安徽、浙江、江西、福建、广西、湖北、四川、重庆、贵州、云南等地。

［识别特征］ ①茎:植株铺散,分枝成丛,分枝长10~45 cm。②叶:三角状卵形至卵形,长0.5~1 cm,宽0.6~0.7 cm,边缘具稀疏的钝锯齿,两面被白色长柔毛,叶柄长0.3~0.6 cm。③花:总状花序很长;苞片叶状,下部的对生或全部互生,边缘具齿,与叶近等大,花梗比苞片略短;花萼4深裂,裂片卵形;花冠淡紫色、蓝色、粉色或白色,直径0.4~0.5 cm,裂片圆形至卵形。④果:蒴果,近肾形,宽0.4~0.5 cm,凹口约为直角,裂片顶端圆,密被腺毛,无明显网脉。⑤种子:舟形,长约0.1 cm,淡黄色,正面臌胀,背面具皱纹。⑥幼苗:子叶卵形,长0.5~0.6 cm,宽0.3~0.4 cm,先端钝,基部渐狭,柄与叶近等长;初生真叶2片,三角状卵形,基部截形,叶柄具白色柔毛(图3-77a、图3-77b)。

图3-77a 婆婆纳开花株

图3-77b 婆婆纳为害草坪状

［发生特点］ 一年生或越年生草本,花果期3~10月,以种子繁殖。在草坪、地被植物

区域发生普遍。

78.车前

车前 *Plantago asiatica* L.,又名车轮菜、车前子,属车前科。

[分布范围] 该草分布于黑龙江、吉林、辽宁、陕西、山西、宁夏、甘肃、青海、新疆、内蒙古、河北、山东、河南、江苏、安徽、江西、湖北、四川、云南、西藏等地。

[识别特征] ①根:须根。②茎:株高20~60 cm。③叶:基生,卵形或宽卵形,长4~12 cm,宽4~9 cm,顶端圆钝,边缘波状、有疏钝齿,纵脉3~7条,叶柄长5~22 cm。④花:花茎数条,直立,长20~45 cm,有短柔毛,穗状花序;花绿白色,疏生;萼片倒卵形。⑤蒴果:椭圆形,近中部周裂,含种子5~6,很少为7~8,矩圆形,黑棕色。⑥幼苗:子叶长椭圆形,先端稍钝,基部楔形,初生叶长椭圆形,先端锐尖,基部渐狭至柄,叶片及叶柄均有稀疏毛(图3-78a、图3-78b)。

图3-78a　车前成株　　　　　　　　　　图3-78b　车前为害草坪状

[发生特点] 多年生草本,花期6~9月,以种子或根茎芽繁殖。喜潮湿。为草坪及地被植物区域常见杂草。

79.平车前

平车前 *Plantago depressa* Willd.,属车前科。

[分布范围] 分布于黑龙江、吉林、辽宁、陕西、山西、宁夏、甘肃、青海、新疆、内蒙古、河北、山东、河南、江苏、安徽、江西、湖北、四川、云南、西藏等地。

[识别特征] ①根:圆柱状直根。②茎:株高5~20 cm。③叶:基生,平铺或直立,卵状披针形、椭圆状披针形或椭圆形,长4~10(14)cm,宽1~3(5.5)cm,边缘疏生小齿或不整齐锯齿,稍被柔毛或无毛,纵脉5~7条,叶柄长1~3 cm,基部具较宽叶鞘及叶鞘残余。④花:花葶少数,长4~17 cm,疏生柔毛;穗状花序直立,长4~10(18)cm,上端花密生,下部花较疏;苞片三角状卵形,长2 mm,边缘常成紫色;花萼裂片4,椭圆形,长约2 mm,和苞片均有绿色龙骨状突起,边缘膜质;花冠裂片4,椭圆形或卵形,先端有浅齿,雄蕊稍伸出花冠。⑤蒴果:圆锥状(图3-79a、图3-79b)。

图3-79a　平车前幼株及为害草坪状

图3-79b　平车前开花株

[发生特点]　一年生或越年生草本,秋季或早春出苗。花期6~8月,果期8~10月,以种子繁殖或自根茎萌生。其喜湿润,耐干旱,亦耐践踏。为草坪及地被植物区域常见杂草。

80.茜草

茜草 *Rubia cordifolia* L.,又名小拉拉秧、红布绒、血见愁、地苏木、活血丹、土丹参,属茜草科。

[分布范围]　该草分布于东北、华北、华东、西北、西南等地,尤以陕西、河北、山东、河南、安徽、四川等地多见。

[识别特征]　①根:紫红色或橙红色。②茎:小枝有明显的4棱,棱上有倒生小刺。③叶:4片轮生,卵形至卵状披针形,长2~9 cm,宽达4 cm,顶端渐尖,基部圆形至心形,上面粗糙,下面脉上和叶柄常有倒生小刺,基出脉3或5条;叶柄长短不齐,长的达10 cm,短的仅1 cm。④花:聚伞花序通常排成大而疏松的圆锥花序状,腋生和顶生;花小,黄白色,5数,有短梗;花冠辐状。⑤果:浆果近球形,直径5~6 mm,黑色或紫黑色,有1粒种子。⑥幼苗:初生叶4片轮生,叶片卵状披针形,长约0.5 cm,先端渐尖,基部近圆形,叶上面有短毛,叶缘生有睫毛,具短柄或近无柄(图3-80a、图3-80b、图3-80c)。

图3-80a　茜草幼株及为害草坪状

[发生特点]　多年生攀援草本,花果期6~9月,以种子及根茎繁殖。为草坪及地被植物区域常见杂草。

图3-80b 茜草开花株

图3-80c 茜草为害费菜状

81. 猪殃殃

猪殃殃 *Galium aparine* L. var. *tenerum*（Gren. et Godr.）Rcbb., 又名拉拉藤、锯锯藤、细叶茜草、锯子草、小锯子草、活血草, 属茜草科。

[分布范围] 该草分布于辽宁、陕西、山西、甘肃、青海、新疆、河北、山东、江苏、安徽、浙江、江西、福建、台湾、广东、湖南、湖北、四川、云南、西藏等地。

[识别特征] ①茎：成株茎四棱形，棱上和叶背中脉及叶缘均有倒生细刺，触之粗糙。②叶：6~8片轮生，线状倒披针形，顶端有刺尖，表面疏生细刺毛。③花：聚伞花序顶生或腋生；花小，花萼细小，上有钩刺毛；花瓣黄绿色，4裂，裂片长圆形。④果：果实球形，表面褐色，密生钩状刺毛，钩刺基部呈瘤状；刺毛亦可在经摩擦后脱落，近于光滑；果脐在腹面凹陷处，椭圆形，白色。⑤幼苗：子叶出土，阔卵形，长7 mm，宽5 mm，先端钝，有微凹，全缘，基部近圆形，有长柄；下胚轴发达，带红色，上胚轴亦发达，呈四棱形，棱上生刺状毛，亦带红色；初生叶4片轮生，阔卵形，先端钝尖，有睫毛，基部宽楔形。根带橘黄色（图3-81a、图3-81b）。

[发生特点] 一年生或越年生，蔓生或攀援状小草本。花果期4~6月，以种子繁殖。为地被植物区域常见杂草。

图3-81a 猪殃殃幼株

图3-81b 猪殃殃开花株

82.阿尔泰紫菀

阿尔泰紫菀 *Heteropappus altaicus*（Willd.）Novopokr.，又名阿尔泰狗哇花、燥原蒿、铁杆蒿,属菊科。

［分布范围］ 该草分布于东北、华北、华东、陕西、甘肃、青海、新疆、湖北、四川等地。

［识别特征］ ①根:有横走或垂直的根。②茎:直立,株高20~60 cm,个别达100 cm,有分枝,被腺点和毛。③叶:互生,下部叶条形或长圆状披针形、倒披针形或近匙形,长2.5~6 cm,个别达10 cm,宽0.7~1.5 cm,全缘或有疏浅齿,两面或下面被粗毛或细毛,常有腺点,上部叶渐小,条形。④花:头状花直径2~3.5 cm,个别4 cm,生于枝端排成伞房状;总苞半球形,径0.8~1.8 cm,总苞片2~3层,近等长或外层稍短,长圆状披针形或条形,草质,被毛,常有腺,边缘膜质;舌状花约20个,舌片浅蓝紫色,长圆状条形,长10~15 mm,宽1.5~2.5 mm;管状花长5~6 mm,裂片5,其中1裂片较长,被疏毛。⑤果:瘦果扁,倒卵状长圆形,长2~2.8 mm,宽0.7~1.4 mm,灰绿色或褐色,被绢毛,上总有腺点;冠毛污白色或红褐色,长4~6 mm,有不等长的微糙毛(图3-82a、图3-82b)。

图3-82a 阿尔泰紫菀幼苗及根状茎　　图3-82b 阿尔泰紫菀开花株

［发生特点］ 多年生草本,花果期5~9月,主要以种子繁殖。耐干旱。为草坪及地被植物区域常见杂草。

83.艾蒿

艾蒿 *Artemisia argyi* Levl.et Vant.,又名艾子、艾草、香艾、艾叶、灸草、蕲艾、医草、黄草、艾绒,属菊科。

［分布范围］ 该草分布于东北、华北、华东、华南、西南以及陕西、甘肃等地。

［识别特征］ ①根:须根纤细。②根状茎:匍匐,粗壮。③茎:直立,株高45~120 cm,有纵条棱,密被短绵毛,茎中部以上分枝。④叶:茎下部叶花时枯萎,具长14~20 mm的叶柄;中部叶具柄,基部常有线状披针形的假托叶,叶片羽状深裂或浅裂,侧裂片2~3对,裂片菱形,椭圆形或披针形,基部常楔形,中裂片又常3裂,在所有裂片边缘具粗锯齿或小裂片,腹面灰绿色,疏被蛛丝状毛,密布白色腺点,背面密被灰白色毛,呈白色;上部叶渐变

小,3~5全裂或不分裂,裂片披针形或线状披针形,无柄。⑤花:头状花序钟形,长3~4 m,直径2~2.5 mm,具短梗或近无梗,下垂,顶端排列成紧密而稍扩展的圆锥状;总苞片4~5层,密被灰白色蛛丝状毛;花序托半球形,裸露。⑥果:瘦果长圆形(图3-83a、图3-83b、图3-83c)。

[发生特点] 多年生草本或略成半灌木状,植株有浓烈香气。花果期8~10月,以根状茎或种子繁殖。为草坪及地被植物区域常见杂草。

图3-83a 艾蒿幼苗

图3-83b 艾蒿成株

图3-83c 艾蒿开花株

84.野艾蒿

野艾蒿 *Artemisia lavandulaefolia* DC.,又名荫地蒿、野艾、小叶艾、艾叶、苦艾、陈艾,属菊科。

[分布范围] 该草分布于黑龙江、吉林、辽宁、内蒙古、河北、山西、陕西、甘肃、山东、江苏、安徽、江西、河南、湖北、湖南、广东、广西、四川、贵州、云南等地。

[识别特征] ①根:纤维状。②根状茎:细长,横走。③茎:直立,株高60~100 cm,具纵条棱,密被短柔毛或近无毛。④叶:下部叶有长柄,二回羽状深裂,裂片常有锯齿;中部叶具柄,基部有2对线状披针形的假托叶,叶片羽状深裂,长可达8 cm,宽达5 cm,侧裂片1~3对,线状披针形,长3~5 mm,宽5~6 mm,先端渐尖,全缘,或具1~3条线状披针形的小裂片或锯齿,叶腹面绿色,被短微毛,密布白色腺点,背面密被灰白色蛛丝状毛;上部叶渐小,羽状3~5裂或不裂,裂片线形,全缘。⑤花:头状花序筒形,长2.5~3 mm,直径1.5~2 mm,具短梗或近无梗,常下倾,多数,在枝顶排列成狭窄的圆锥状;总苞片3~4层,疏被蛛丝状毛,外层者短小,卵形,内层者椭圆形,边缘宽膜质;外围小花雌性,5~6朵,长约1.5 mm;

中央花两性,5~6朵,带红褐色;花托凸起裸露。⑥幼苗:子叶卵圆形,长约0.2 cm,无柄;初生真叶2片,卵形,边缘有疏锯齿,叶片及叶柄密被棉状毛;后生叶互生,宽卵形,密被棉状毛,边缘有疏锯齿(图3-84a、图3-84b、图3-84c、图3-84d、图3-84e)。

[发生特点]　多年生草本,有时为半灌木状,植株有香气。花果期7~11月,以根茎及种子繁殖。为草坪及地被植物区域常见杂草。

图3-84a　野艾蒿幼苗及为害草坪状

图3-84b　野艾蒿成株

图3-84c　野艾蒿开花株

图3-84d　野艾蒿为害鸢尾状

图3-84e　野艾蒿为害麦冬状

85.黄花蒿

黄花蒿 *Artemisia annua* L.,又名臭蒿、黄蒿子、草蒿、青蒿,属菊科。

[分布范围]　该草分布于全国各地。

[识别特征]　①根:单生,垂直,狭纺锤形。②茎:株高40~150 cm,通常单一,直立,分枝,有棱槽,褐色或紫褐色,直径达6 mm。③叶:两面无毛,基部和下部叶有柄,并在花期

枯萎;中部叶卵形,3回羽状深裂,裂片长圆状披针形,顶端尖,全缘或有1~2齿;上部叶小,无柄,单一羽状细裂或全缘。④花:头状花序多数,球形,径约2 mm,有短梗,偏斜或俯垂,排列呈金字塔形的复圆锥花序,总苞无毛,总苞片2~3层,草质,鲜绿色,外层线状长圆形,内层卵形或近圆形,沿缘膜质;花托长圆形;花黄色,都为管状花,外层雌性,里层两性;花冠顶端5裂;雄蕊5,花药合生,花丝细短,着生于花冠管内中部;雌蕊1,花柱丝状,柱头2裂,分叉。⑤果:瘦果卵形,微小,淡褐色,表面具隆起的纵条纹。⑥幼苗:子叶近圆形,有短柄;下胚轴发达,红色;初生叶对生,卵形,顶端急尖;第1后生叶羽状深裂,第2后生叶为二回羽状裂叶(图3-85a、图3-85b、图3-85c、图3-85d)。

图3-85a 黄花蒿幼株

图3-85b 黄花蒿开花株

图3-85c 黄花蒿为害马蔺状

图3-85d 黄花蒿为害麦冬状

[发生特点] 一年生草本,全株有浓烈的挥发性气味。花期7~9月,果期9~10月,以

种子繁殖。为草坪及地被植物区域常见杂草。

86.茵陈蒿

茵陈蒿 *Artemisia capillaris* Thunb.，又名绵茵陈、绒蒿、细叶青蒿、安吕草、婆婆蒿，属菊科。

[分布范围] 该草分布于辽宁、河北、陕西、山东、江苏、安徽、浙江、江西、福建、台湾、河南、湖北、湖南、广东、广西、四川等地。

[识别特征] ①茎：株高40~100 cm，直立，木质化，表面有纵条纹，紫色，多分枝，老枝光滑，幼嫩枝被有灰白色细柔毛。②叶：营养枝上的叶，叶柄长约1.5 cm，叶片2~3回羽状裂或掌状裂，小裂片线形或卵形，密被白色绢毛；花枝上的叶无柄，羽状全裂，裂片呈线形或毛管状，基部抱茎，绿色，无毛。③花：头状花序多数，密集成圆锥状；总苞球形，苞片3~4层，光滑，外层小，卵圆形，内层椭圆形，背部中央绿色，边缘膜质；花杂性，淡紫色，均为管状花；雌花长约1 mm，雌蕊1枚，柱头2裂，叉状；两性花略长，先端膨大，5裂，裂片三角形，下部收缩呈倒卵状，雄蕊5枚，聚药，先端尖尾状，基部具短尖，雌蕊1枚，柱头头状，不分裂。④果：瘦果长圆形，无毛（图3-86a、图3-86b、图3-86c、图3-86d）。

图3-86a 茵陈蒿幼株及为害麦冬状

图3-86b 茵陈蒿成株

图3-86c 茵陈蒿开花株

图3-86d 茵陈蒿为害三叶草状

[发生特点] 一年生或越年生草本，花期7~9月，果期9~10月，以种子繁殖。为草坪及地被植物区域常见杂草，但发生量少，为害轻。

87.苍耳

苍耳 *Xanthium sibiricum* Patrin.，又名苍子、虱麻头、老苍子、胡苍子、青棘子、猪耳、痴头婆、荆棘狗、老鼠愁，属菊科。

[分布范围] 该草分布于黑龙江、辽宁、内蒙古、河北、山东、河南、江苏、安徽、江西、湖北等地。

[识别特征] ①根:纺锤状,分枝或不分枝。②茎:株高20~90 cm,直立不分枝或少有分枝,下部圆柱形,直径4~10 mm,上部有纵沟,被灰白色糙伏毛。③叶:三角状卵形或心形,长4~9 cm,宽5~10 cm,近全缘,或有3~5片不明显浅裂,顶端尖或钝,基部稍心形或截形,与叶柄连接处成相等的楔形,边缘有不规则的粗锯齿,有三基出脉,侧脉弧形,直达叶缘,脉上密被糙伏毛,上面绿色,下面苍白色,被糙伏毛;叶柄长3~11 cm。④雄性头状花序:球形,直径4~6 mm,有或无花序梗,总苞片长圆状披针形,长1~1.5 mm,被短柔毛;花托柱状,托片倒披针形,长约2 mm,顶端尖,有微毛;有多数的雄花,花冠钟形,管部上端有5宽裂片;花药长圆状线形。⑤雌性头状花序:椭圆形,外层总苞片小,披针形,长约3 mm,被短柔毛;内层总苞片结合成囊状,宽卵形或椭圆形,绿色,淡黄绿色或有时带红褐色。⑥果:瘦果,成熟时变坚硬,连同喙部长12~15 mm,宽4~7 mm,外面有疏生的具钩状的刺(图3-87a、图3-87b、图3-87c、图3-87d)。

图3-87a 苍耳幼苗

图3-87b 苍耳幼株

图3-87c 苍耳开花结果株

图3-87d 苍耳为害天人菊状

［发生特点］一年生草本，花期7~8月，果期9~10月，以种子繁殖。因果实有钩刺，故易于附着动物体而散播。为地被植物区域常见杂草。

88.刺儿菜

刺儿菜 *Cephalanoplos segetum*（Bunge）Kitam.，又名小刺儿菜、小蓟、七七菜、齐齐毛、七娄菜、小刺盖、刺菜、刺刺芽，属菊科。

［分布范围］该草分布于全国各地。

［识别特征］①茎：直立；幼茎被白色蛛丝状毛，有棱，高20~50 cm。②叶：互生，基生叶花时凋落，下部和中部叶椭圆形或椭圆状披针形，长7~10 cm，宽1.5~2.5 cm，表面绿色，背面淡绿色，两面有疏密不等的白色蛛丝状毛，顶端短尖或钝，基部窄狭或钝圆，近全缘或有疏锯齿，无叶柄。③花：头状花序直立，雌雄异株，雌花序较雄花序大，雄花序总苞长约18 mm，雌花序总苞长约25 mm；总苞片6层，外层甚短，长椭圆状披针形，中层以内总苞片披针形，顶端长尖，有刺；雄花花冠长17~20 mm，雌花花冠长约26 mm，雄花花冠裂片长9~10 mm，雌花花冠裂片长约5 mm，花冠紫红色，雄花花药为紫红色，花药长约6 mm，雌花退化雄蕊的花药长约2 mm；花序托凸起，有托毛。④果：瘦果，椭圆形或长卵形，略扁平；冠毛羽状（图3-88a、图3-88b、图3-88c、图3-88d）。

图3-88a 刺儿菜幼株及为害草坪状

图3-88b 刺儿菜开花株及为害萱草状

图3-88c 刺儿菜开花状

图3-88d 刺儿菜结果状

［发生特点］多年生草本，地下部分常大于地上部分，有长根茎，可深入土下2~3 m。

花果期5~10月,以根芽繁殖为主,种子繁殖为辅。在草坪及地被植物区域分布普遍,尤以新垦地发生严重。

89.续断菊

续断菊 Sonchus asper (L.) Hill,又名石白头,属菊科。

[分布范围] 该草分布于陕西、山西、山东、江苏、安徽、江西、福建、台湾、广东、湖南、湖北、四川、贵州、云南、西藏、新疆等地。

[识别特征] ①根:纺锤状或圆锥状。②茎:株高30~70 cm,茎分枝或不分枝,无毛或上都有头状腺毛。③叶:互生;下部叶叶柄有翅,中上部叶无柄,基部有扩大的圆耳;叶片长椭圆形或倒圆形,长6~15 cm,宽1.5~8 cm,不分裂或缺刻状半裂或羽状全裂,边缘有不等的刺状尖齿。④花:头状花序,5~10个,在茎顶密集成伞房状;梗无毛或有腺毛;总苞钟状,长10~12 mm,宽10~15 mm;总苞片2~3层,暗绿色;舌状花黄色,两性,结实。⑤果:瘦果,长椭圆状倒卵形,压扁,褐色或肉色,两面各有3条纵肋,肋间无细皱纹;冠毛白色,毛状(图3-89a、图3-89b、图3-89c)。

图3-89a 续断菊幼苗

图3-89b 续断菊开花状

图3-89c 续断菊为害三叶草状

[发生特点] 一年生或越年生草本,花果期5~10月,以种子繁殖。为草坪及地被植物区域常见杂草,发生量小,为害轻。

90.苦苣菜

苦苣菜 Sonchus oleraceus L.,又名苦菜、滇苦菜、田苦卖菜、尖叶苦菜,属菊科。

[分布范围] 该草分布于辽宁、陕西、山西、河北、山东、江苏、安徽、江西、福建、台湾、广东、广西、湖南、湖北、四川、贵州、云南、青海、甘肃、新疆、西藏等地。

[识别特征] ①根:有纺锤状根。②茎:中空,直立高50~100 cm,下部无毛,中上部及

顶端有稀疏腺毛。③叶:柔软无毛,长椭圆状广倒披针形,长 15~20 cm,宽 3~8 cm,深羽裂或提琴状羽裂,裂片边缘有不整齐的短刺状齿至小尖齿;茎生叶片基部常为尖耳郭状抱茎,基生叶片基部下延成翼柄。④花:头状花序直径约 2 cm,花序梗常有腺毛或初期有蛛丝状毛;总苞钟形或圆筒形,长 1.2~1.5 cm;舌状花黄色,长约 1.3 cm,舌片长约 0.5 cm。

⑤果:瘦果,倒卵状椭圆形,成熟后红褐色;每面有 3 纵肋,肋间有粗糙细横纹,有长约 6 mm 的白色细软冠毛。⑥幼苗:子叶阔卵形,先端钝圆,叶基圆形,具短柄;下胚轴发达,上胚轴不发育;初生叶 1 片,近圆形,先端突尖,叶缘具疏细齿,叶基阔楔形,无毛,具长柄;第 1 后生叶与初生叶相似;第 2 后生叶阔椭圆形,叶基下延至柄基部成翼,疏生柔毛;第 3 后生叶开始叶缘具粗齿,叶基呈箭形,有较多的柔毛(图 3-90a、图 3-90b、图 3-90c)。

图 3-90a　苦苣菜幼株及为害麦冬状

图 3-90b　苦苣菜开花及结果状

图 3-90c　苦苣菜为害草坪状

[发生特点]　一年生或越年生草本,花果期 5~10 月,以种子繁殖。种子随风飞散,经冬眠后萌发。为草坪及地被植物区域常见杂草,发生量小,为害轻。

91.苣荬菜

苣荬菜 *Sonchus arvensis* L.,又名曲曲芽、败酱草、荬菜、野苦菜、野苦荬、苦葛麻、苦荬菜、取麻菜、苣菜、曲麻菜,属菊科。

[分布范围]　该草分布于东北、华北、西北、华东、华南等地。

[识别特征]　①根状茎:匍匐,着生多数须根。②地上茎:直立,少分枝,平滑,株高 30~60 cm。③叶:互生,无柄;叶片宽披针形或长圆状披针形,长 8~16 cm,宽 1.5~2.5 cm,先端有小尖刺,基部呈耳形抱茎,边缘呈波状尖齿或有缺刻,上面绿色,下面淡灰白色,两面均无毛。④花:头状花序,少数,在枝顶排列成聚伞状或伞房状,头状花序直径 2~4 cm,

总苞及花轴都具有白绵毛,总苞片4列,最多1列卵形,内列披针形,长于最外列;全产为舌状花,鲜黄色;舌片条形,先端齿裂;雄蕊5,花药合生;雌蕊1,子房下位,花柱纤细,柱头2深裂,花柱及柱头皆被白色腺毛。⑤果:瘦果,侧扁,有棱,有与棱平行的纵肋,先端有多层白色冠毛(图3-91a、图3-91b、图3-91c)。

图3-91a 苣荬菜幼株及为害草坪状

图3-91b 苣荬菜成株

图3-91c 苣荬菜开花状

[发生特点] 多年生草本,全株具乳汁,花果期6~10月,以根茎及种子繁殖。根茎多在5~20 cm土层中,质脆易断,每个断体都能长成新的植株,耕作或除草更能促进其萌发。为草坪及地被植物区域常见杂草。

92.中华小苦荬

中华小苦荬 Ixeris chinensis (Thunb.) Nakai,又名山苦菜、苦菜子、山苦荬、小苦荬、苦叶苗、苦麻菜、苦丁菜,属菊科。

[分布范围] 该草分布于黑龙江、吉林、辽宁、陕西、山西、内蒙古、河北、山东、河南、江苏、安徽、浙江、江西、福建、台湾、四川、贵州、云南、西藏等地。

[识别特征] ①茎:株高10~30 cm,全体无毛,有乳汁;茎少数或多数簇生,直立或斜生。②叶:基生叶莲座状,条状披针形、倒披针形或条形,长7~20 cm,宽0.5~2 cm,先端尖或钝,基部渐狭成柄,全缘或疏具小牙齿,或呈不规则分裂,灰绿色;茎生叶有1~2枚,与基生叶形似而较短,无柄,基部微抱茎。③花:头状花序多数,排列成稀疏的伞房状;总苞圆筒状或长卵形,长7~9 mm,宽2~3 mm,外层的总苞片小,6~8 mm,内层的较长,7~8 mm;

全为舌状花,黄色、淡黄色、白色或变淡紫色。④果:瘦果,红棕色,狭披针形,稍扁,长4~6 mm,有长约3 mm的喙,具10条等形的纵肋,冠毛白色(图3-92a、图3-92b、图3-92c、图3-92d、图3-92e)。

[发生特点]　多年生草本,花果期4~10月,以根茎及种子繁殖。种子于5月份渐次成熟飞散,秋季发芽。为草坪及地被植物区域常见杂草,发生量小,为害轻。

图3-92a　中华小苦荬幼苗

图3-92b　中华小苦荬开花株

图3-92c　中华小苦荬为害草坪状

图3-92d　中华小苦荬为害萱草状

图3-92e　中华小苦荬为害麦冬状

93.抱茎苦荬菜

抱茎苦荬菜 *Ixeris sonchifolia* Hance.,又名苦碟子、黄瓜菜,属菊科。

[分布范围]　该草分布于黑龙江、吉林、辽宁、陕西、山西、甘肃、内蒙古、北京、河北、山东、河南、江苏、安徽、浙江、江西、湖南、湖北、四川、重庆、贵州等地。

[识别特征]　①茎:株高30~80 cm,无毛,直立,上部有分枝。②叶:基生叶多数,长3.5~8 cm,宽1~2 cm,顶端锐尖或圆钝,基部下延成柄,边缘具锯齿或不整齐的羽状深裂;

茎生叶较小,卵状矩圆形或卵状披针形,长2.5~6 cm,宽0.7~1.5 cm,先端锐尖,基部常成耳形或戟状抱茎,全缘或羽状分裂。③花:头状花序密集成伞房状,有细梗;总苞长5~6 mm,圆筒状;总苞片有2层,外层通常5片,卵形,极小;内层8片,披针形,长约5 mm,背部各具中肋1条;头状花序只含舌状花,黄色,长7~8 mm,先端截形,具5齿。④果:瘦果,纺锤形,黑色,长约3 mm;有细纵肋及粒状小刺,长为果实的1/4,冠毛白色(图3-93a、图3-93b、图3-93c)。

[发生特点] 多年生草本,花果期4~8月,以根茎及种子繁殖。适应性较强、分布较广。为草坪及地被植物区域常见杂草,发生量小,为害轻。

图3-93a　抱茎苦荬菜幼苗

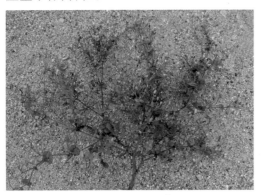

图3-93b　抱茎苦荬菜开花株

图3-93c　抱茎苦荬菜为害麦冬状

94.乳苣

乳苣 *Mulgedium tataricum*(L.)DC.,又名蒙山莴苣、紫花山莴苣、苦菜,属菊科。

[分布范围] 该草分布于辽宁、内蒙古、陕西、山西、甘肃、青海、新疆、河北、山东、河南、西藏等地。

[识别特征] ①茎:株高30~80 cm,直立,无毛,有条纹。②叶:基生叶簇生,具柄;茎生叶互生,无柄,叶片长圆状披针形,长8~14 cm,稍肥厚,灰绿色,倒向羽裂或有稀疏缺刻、浅裂,叶缘及裂齿先端有小刺状尖,叶背中脉白色,微凸出;茎中部的叶裂片渐少或全缘,上部的叶全缘或仅具小刺状尖,无柄。③花:头状花序多数,在茎端排成圆锥状花序,长短不一;总苞向上直伸呈圆筒状,苞片外层短,内层长,绿色而有紫色斑点,有时为紫色;花全部为舌状花,紫色或淡紫色。④果:瘦果长圆状线形,长4~5 mm,宽约1 mm,稍压扁或不扁,灰色至黑色,果颈较长,冠毛白色,全部同形(图3-94a、图3-94b、图3-94c、图

3-94d、图3-94e）。

图3-94a　乳苣幼苗

图3-94b　乳苣成株

图3-94c　乳苣开花状

图3-94d　乳苣为害地被草坪状

[发生特点]　多年生草本,中生耐盐植物。全体含乳汁,花果期5~7月,以根芽和种子繁殖。其生于河滩、湖边、盐化草甸、固定沙丘、黄土山坡、农田、路旁及荒地。为草坪及地被植物区域常见杂草,发生量小,为害轻。

95.山莴苣

山莴苣 *Lagedium sibiricum*（L.）Sojak,又名鸭子食、野生菜、土莴苣、苦芥菜、苦菜、野莴苣,属菊科。

图3-94e　乳苣为害地被石竹状

[分布范围]　该草分布于黑龙江、吉林、辽宁、内蒙古、陕西、山西、甘肃、青海、新疆、河北、山东等地。

[识别特征] ①茎:直立,株高80~150 cm,被柔毛,上部分枝。②叶:互生,长椭圆状披针形,长10~30 cm,宽1.5~5 cm,不裂,或边缘具齿裂或羽裂;上面绿色,下面白绿色,叶缘略带暗紫色;无柄,基部抱茎;茎上部的叶呈长披针形。③花:头状花序顶生,排列成圆锥状;总苞下部膨大,苞片多列,呈覆瓦状排列;舌状花淡黄色,日中正开,傍晚闭合;雄蕊5;子房下位,花柱纤细,柱头2裂。④果:瘦果卵形而扁,黑色,喙短,喙端有白色冠毛一层(图3-95a、图3-95b、图3-95c)。

图3-95a 山莴苣幼株及为害草坪状

图3-95b 山莴苣成株

图3-95c 山莴苣开花状

[发生特点] 一年生或越年生草本,花果期7~11月,以种子繁殖。为草坪及地被植物区域常见杂草,发生量小,为害轻。

96. 黄鹌菜

黄鹌菜 *Youngia japonica*(L.) DC.,又名野青菜、黄瓜菜、毛连连、黄花枝香草,属菊科。

[分布范围] 该草分布于陕西、甘肃、河南、山东、江苏、安徽、浙江、江西、福建、广东、广西、湖北、湖南、四川、云南、西藏等地。

[识别特征] ①根:须根肥嫩,白色。②茎:株高10~60 cm;茎直立,由基部抽出一至数枝。③叶:基生叶丛生,倒披针形,琴状或羽状半裂,长8~14 cm,宽1~3 cm,顶裂片较侧

裂片稍大,侧裂片向下渐小,有深波状齿,无毛或被细软毛,叶柄具翅或有不明显的翅;茎生叶互生,少数,通常1~2片,少有3~5片,叶形同基生叶,等样分裂或不裂,小或较小;上部叶小,线形,苞片状;叶质薄,上面被细柔毛,下面被密细绒毛。④花:头状花序小而窄,具长梗,排列成聚伞状圆锥花丛;总苞长4~7 mm,无毛,外层苞片5,三角形或卵形,形小,内层苞片8,披针形;舌状花黄色,长4.5~10 mm,花冠先端具5齿,管长2~2.5 mm,具细短软毛。⑤果:瘦果红棕色或褐色,长约2 mm,稍扁平,具粗细不匀的纵棱1~13条;冠毛白色,和瘦果近等长(图3-96a、图3-96b、图3-96c)。

图3-96a 黄鹌菜幼株及为害草坪状

图3-96b 黄鹌菜开花株

图3-96c 黄鹌菜开花状

[发生特点] 一年生或越年生草本,全株有乳汁。花果期4~11月,以种子繁殖。为草坪及地被植物区域常见杂草,发生量小,为害轻。

97.小蓬草

小蓬草 *Conyza canadensis*(L.)Cronq,又名小飞蓬、小白酒草,属菊科。

[分布范围] 该草分布于黑龙江、吉林、辽宁、内蒙古、陕西、山西、河北、河南、山东、江苏、安徽、浙江、江西、湖南、湖北、四川、贵州、云南等地。

[识别特征] ①根:圆锥状直根。②茎:直立,株高50~100 cm,有细条纹及粗糙毛,上部多分枝。③叶:互生,条状披针形或矩圆状条形,基部狭,顶端尖,全缘或有微锯齿,边缘有长睫毛,无明显叶柄。④花:头状花序多数,直径约4 mm,密集成圆锥状或伞房状圆锥形,总花梗短;舌状花白色微紫。⑤果:瘦果矩圆形;冠毛污白色,刚毛状。⑥幼苗:除子叶外全体被毛;子叶2,卵圆形,长2~4 mm,宽约1.5 mm,先端钝圆,基部楔形,具短柄;初生叶椭圆形,全缘,先端突尖,基部楔形,具柄;后生叶簇生,椭圆形至长椭圆状披针形,全缘或有疏钝齿(图3-97a、图3-97b、图3-97c、图3-97d)。

[发生特点] 一年生或越年生杂草,主要靠种子繁殖。10月初发生,花期6~9月,果实7月份渐次成熟。该植物可产生大量瘦果,蔓延极快。为草坪及地被植物区域常见杂草,发生量大,为害重。

图3-97a　小蓬草幼苗

图3-97b　小蓬草幼株及为害草坪状

图3-97c　小蓬草成株及为害鸢尾状

图3-97d　小蓬草开花状

98.野塘蒿

野塘蒿 *Conyza bonariensis*(L.) Cronq.,又名香丝草、小山艾、小加蓬、火草苗、蓑衣草,属菊科。

[分布范围] 该草分布于河南、山东、江苏、江西、福建、台湾、广东、海南、广西、湖北、湖南、四川、贵州、云南、西藏等地。

[识别特征] ①茎:株高30~70 cm,直立,全体被有开展性的细软毛,上部常分枝。②叶:单叶互生;基部叶披针形,长6~10 cm,宽约1.5 cm,边缘具不规则的齿裂成羽裂,花后多凋落,有柄;茎生叶向上渐窄,绒状,全缘,无柄。③花:头状花序直径1~1.5 cm,有梗,在枝端排列成圆锥状;总苞长约5 mm;总苞片2~3层,线形,长短几相近,有毛;舌状花白色,多层,不明显,雌性,全部结实,先端齿裂;管状花黄色,多数,两性,裂片5。④果:瘦果长圆形,扁平,有毛;冠毛1~2层,外短内长。⑤幼苗:子叶卵形,先端钝圆,全缘,无毛;初生叶卵圆形,先端急尖,基部圆形,腹面密布短柔毛,有柄(图3-98a、图3-98b)。

图3-98a 野塘蒿幼株

图3-98b 野塘蒿开花株

[发生特点] 一年生或越年生草本,花期5~10月,以种子繁殖。在草坪、地被植物区域经常发生,发生量大,为害重,是区域性恶性杂草,也是路埂、宅基及荒地发生数量大的杂草之一。

99.春飞蓬

春飞蓬 *Erigeron philadelphicus* L.,又名费城小蓬草、春一年蓬、费城飞蓬,属菊科。

[分布范围] 该草分布于山东、江苏、上海、安徽、浙江等地。

[识别特征] ①茎:株高30~90 cm,茎直立,较粗壮,绿色,上部有分枝,全体被开展长硬毛及短硬毛。②叶:互生,基生叶莲座状,卵形或卵状倒披针形,长5~12 cm,宽2~4 cm,顶端急尖或钝,基部楔形下延成具翅长柄,叶柄基部常带紫红色,两面被倒伏的硬毛,叶缘具粗齿,花期不枯萎,匙形,茎生叶半抱茎;中上部叶披针形或条状线形,长3~6 cm,宽5~16 mm,顶端尖,基部渐狭无柄,边缘有疏齿,被硬毛。③花:头状花序数枚,直径1~1.5 cm,排成伞房或圆锥状花序;总苞半球形,直径6~8 mm,总苞片3层,草质,披针形,长3~5 mm,淡绿色,边缘半透明,中脉褐色,背面被毛;舌状花2层,雌性,舌片线形,长约6 mm,平展,蕾期下垂或倾斜,花期仍斜举;舌状花白色略带粉红色,管状花两性,黄色。④果:瘦果披针形,长约1.5 mm,压扁,被疏柔毛;雌花瘦果冠毛1层,极短而连接成环状膜质小冠,两性花瘦果冠毛2层,外层鳞片状,内层糙毛状,长约2 mm,10~15条(图3-99a、图3-99b、图3-99c、图3-99d)。

[发生特点] 一年生或多年生草本,花果期3~6月,以种子繁殖。为草坪及地被植物区域常见杂草,发生量小,为害轻。

图 3-99a 春飞蓬幼苗

图 3-99b 春飞蓬幼株及为害三叶草状

图 3-99c 春飞蓬开花状

图 3-99d 春飞蓬为害草坪状

100. 泥胡菜

泥胡菜 *Hemistepta lyrata* Bunge,又名剪刀草、石灰菜、绒球、花苦荬菜、苦郎头、糯米菜,属菊科。

[分布范围] 除新疆、西藏外,该草遍及全国。

[识别特征] ①茎:株高 30~80 cm;直立,有纵条纹,光滑或有白色蛛丝状毛。②叶:基部叶莲座状,有叶柄,叶片倒披针形或倒披针状椭圆形,长 7~20 cm,提琴状羽状分裂,顶端裂片三角形,较大,有时 3 裂,侧裂片 7~8 对,下面被白色蛛丝状毛;中部叶椭圆形,无柄,羽状分裂;上部叶条状披针形至条形。③花:头状花序多数,总苞长 12~14 mm,宽 18~22 mm;苞片多层,外层较短;花紫色。④果:瘦果圆柱形,长 2.5 mm,有 15 条纵肋;冠毛白色,2 层,羽毛状。⑤幼苗:子叶卵圆形,先端钝圆,基部渐狭至柄;初生叶椭圆形,先端锐尖,基部楔形,边缘有疏小齿,叶片及叶柄均被白色蛛丝状毛(图 3-100a、图 3-100b、图 3-100c、图 3-100d)。

[发生特点] 越年生草本,花期 5~6 月,果期 6~7 月,以种子繁殖。为草坪及地被植物区域常见杂草。

图3-100a 泥胡菜幼株及为害麦冬状

图3-100b 泥胡菜成株

图3-100c 泥胡菜开花状

图3-100d 泥胡菜结果状

101.钻形紫菀

钻形紫菀 Aster subulatus Michx.,又名白菊花、土柴胡、钻叶紫菀、剪刀菜、燕尾菜、九龙箭,属菊科。

[分布范围] 该草分布于辽宁、河北、河南、山东、江苏、上海、安徽、浙江、江西、福建、广东、广西、湖北、湖南、四川、贵州、云南等地。

[识别特征] ①茎:株高25~100 cm,无毛而富肉质,上部稍有分枝。②叶:基生叶倒披针形,花后凋落;茎中部叶线状披针形,先端尖或钝,有时具钻形尖头,全缘,无柄,无毛。③花:头状花序小,排成圆锥状,总苞钟状,总苞片3~4层,外层较短,内层较长,线状钻形,无毛;舌状花细狭,淡红色,长与冠毛相等或稍长;管状花多数,短于冠毛。④果:瘦果长圆形或椭圆形,长1.5~2.5 mm,有5纵棱,冠毛淡褐色(图3-101a、图3-101b、图3-101c、图3-101d)。

[发生特点] 一年生草本,喜生长在潮湿的土壤,在沼泽或含盐土壤上亦能生长。9~11月开花结果,可产生大量瘦果,果具冠毛,可随风散布。为草坪及地被植物区域常见杂草,发生量小,为害轻。

图3-101a　钻形紫菀幼株及为害草坪状

图3-101b　钻形紫菀成株

图3-101c　钻形紫菀开花株

图3-101d　钻形紫菀为害麦冬状

102.小花鬼针草

小花鬼针草 *Bidens parviflora* Willd.，属菊科。

[分布范围]　该草分布于东北、华北、西南以及陕西、河南、甘肃等地。

[识别特征]　①茎：成株高(20)40~70(80)cm，茎直立，多分枝，较细弱，钝四棱形，常呈暗紫色。②叶：对生，具柄，叶片2~3回羽状全裂，裂片线形或线状披针形，宽2~4 mm，全缘或有齿，两面疏生细毛或无毛。③花：头状花序，直径3~5 mm，单生枝顶，具长梗；总苞筒状，基部被柔毛，总苞片2层，线状披针形，外层短小，绿色，内层较长，膜质，黄褐色；花黄色，全为管状花，顶端4裂。④果：瘦果线形，长10~13 mm，有4棱；顶端有2芒刺，长

2.5~3 mm,上具倒刺毛。⑤幼苗:子叶长圆状披针形,下胚轴发达;初生叶对生,羽状深裂(图3-102a、图3-102b)。

图3-102a 小花鬼针草成株

图3-102b 小花鬼针草结果株

［发生特点］ 一年生草本,花果期7~10月,以种子繁殖。生于林边、路旁、山坡湿地、荒地和干山坡等处。为草坪及地被植物区域常见杂草,发生量小,为害轻。

103.婆婆针

婆婆针 *Bidens bipinnata* L.,又名鬼针草,属菊科。

［分布范围］ 该草分布于华东、华中、华南、西南各地。

［识别特征］ ①茎:株高50~100 cm,直立,有分枝。②叶:中部和下部叶对生,上部叶互生,二回羽状深裂,长5~14 cm,裂片先端渐尖,边缘具不规则粗齿,两面被疏短毛;叶柄长2~6 cm。③花:头状花序直径6~10 mm,花序梗长2~10 cm,总苞杯形,基部有柔毛;外层总苞片5~7片,线形,被细短毛;舌状花黄色,1~3朵,不育;管状花黄色,能育,长约5 mm,裂片5。④果:瘦果,线形,略扁,长1~2 cm,宽约1 mm,具3~4棱,有短毛;顶端冠毛芒状并具倒刺毛,3~4枚,长2~5 mm。⑤幼苗:上胚轴与下胚轴均发达,紫红色;子叶长圆状披针形,长约3 cm,先端锐尖,基部渐狭至叶柄,光滑无毛;初生叶2片,二回羽状深裂,叶缘具不整齐锯齿,并具睫毛,主脉被疏短毛,具柄(图3-103a、图3-103b、图3-103c、图3-103d)。

图3-103a 婆婆针幼苗及为害草坪状

图3-103b 婆婆针成株

图3-103c　婆婆针开花状

【发生特点】　一年生草本,花果期8~10月,以种子繁殖。为草坪及地被植物区域常见杂草,发生量小,为害轻。

图3-103d　婆婆针开花结果状

104.金盏银盘

金盏银盘 Bidens biternata（Lour.）Merr. et Sherif,又名鬼针草、母猪油、鬼刺针,属菊科。

[分布范围]　该草分布于辽宁、山西、河北、华东、华南、华中、西南等地。

[识别特征]　①茎:株高30~120 cm,茎直立,基部略具四棱。②叶:羽状复叶,小裂片卵形或卵状披针形,长2~7 cm,宽1~2.5 cm,先端渐尖,基部楔形,边缘具稍密且近均匀的锯齿,两面均被疏柔毛;叶柄长1.5~5 cm,无毛或有疏柔毛。③花:头状花序,直径0.7~1 cm,花序梗长2~6 cm;外层苞片7~10枚,线状披针形,被柔毛,内层苞片长椭圆形,长0.5~0.6 cm;舌状花通常3~5朵,舌片淡黄色,长椭圆形,先端3齿裂,有时无舌状花;盘花筒状,顶端5齿裂。④果:瘦果,黑色条形,长1~1.8 cm,具四棱,两端稍狭,顶端有芒刺3~4枚,具倒刺毛。⑤幼苗:子叶长圆状披针形,长2.5~3 cm,先端急尖,基部渐狭至柄,光滑;初生真叶2片,二回羽状深裂,边缘有缘毛(图3-104a、图3-104b、图3-104c)。

图3-104a　金盏银盘幼株及为害草坪状

图3-104b 金盏银盘成株

图3-104c 金盏银盘开花株

[发生特点] 一年生草本,花果期7~8月,以种子繁殖。为草坪及地被植物区域常见杂草,发生量小,为害轻。

105.大狼把草

大狼把草 *Bidens frondosa* L.,又名狼把草、接力草、针线包、一包针、外国脱力草,属菊科。

[分布范围] 该草分布于东北、华东等地。

[识别特征] ①茎:直立,分枝,株高20~120 cm,被疏毛或无毛,常带紫色。②叶:对生,具柄,为一回羽状复叶,小叶3~5枚,披针形,长3~10 cm,宽1~3 cm,先端渐尖,边缘有粗锯齿,通常背面被稀疏短柔毛,至少顶生者具明显的柄。③花:头状花序单生茎端和枝端,连同总苞苞片直径12~25 mm,高约12 mm;总苞钟状或半球形,外层苞片5~10枚,通常8枚,披针形或匙状倒披针形,叶状,边缘有缘毛,内层苞片长圆形,长5~9 mm,膜质,具淡黄色边缘;无舌状花或舌状花不发育,极不明显;筒状花两性,花冠长约3 mm,冠檐5裂。④果:瘦果扁平,狭楔形,长5~10 mm,近无毛或是糙伏毛;顶端芒刺2枚,长约2.5 mm,有倒刺毛(图3-105a、图3-105b)。

图3-105a 大狼把草开花株

图3-105b 大狼把草开花状

[发生特点] 一年生草本,花果期8~10月,以种子繁殖。为草坪及地被植物区域常见杂草,发生量小,为害轻。

106.旱莲草

旱莲草 *Eclipta prostrata* L.,又名墨旱莲、墨草、墨斗草、还魂草、鳢肠,属菊科。

[分布范围] 该草分布于辽宁、河北、山东、江苏、浙江、安徽、江西、福建、广东、广西、湖南、湖北、四川、贵州、云南等地。

[识别特征] ①茎:株高10~60 cm,直立或基部倾伏,着地生根,绿色或红褐色。②叶:对生,线状椭圆形至披针形,长3~10 cm,宽0.5~2.5 cm,全缘或稍有细齿,两面均被白色粉毛。③花:头状花序腋生或顶生,总苞钟状,总苞片5~6片,花托扁平,托上着生少数舌状花及多数管状花;舌状花雌性,花冠白色,发育或不发育;管状花两性,黄绿色,全发育。④果:瘦果黄黑色,长约3 mm,无冠毛。⑤幼苗:子叶椭圆形或近圆形,先端钝圆,全缘,基部圆形,有1条主脉和2条侧脉,具柄,无毛;上、下胚轴发达,上胚轴圆柱状,密被倒生糙毛;初生叶2片,对生,全缘或具稀疏细齿,三出脉,具长柄(图3-106a、图3-106b、图3-106c、图3-106d)。

图3-106a 旱莲草幼株

图3-106b 旱莲草成株

图3-106c 旱莲草开花株

图3-106d 旱莲草为害麦冬状

[发生特点] 一年生草本,全株被白色粉毛,折断后流出的汁液数分钟后即呈蓝黑

色。花果期7~10月,以种子繁殖。喜湿、耐旱、抗盐、耐瘠,具有较强的繁殖力。为草坪及地被植物区域常见杂草,发生量小,为害轻。

107.旋覆花

旋覆花 *Inula japonica* Thunb.,又名毛耳朵、金佛草、金佛花、六月菊、百叶草,属菊科。

[分布范围] 该草分布于东北、华北、华东、华中及广西等地。

[识别特征] ①根状茎:较短,横走或斜升,有粗壮的须根。②茎:单生,有时2~3个簇生,直立,株高30~70 cm,有时基部具不定根,基部径3~10 mm,有细沟,被长伏毛,或下部有时脱毛,上部有上升或开展的分枝,全部有叶;节间长2~4 cm;基部叶常较小,在花期枯萎。③叶:中部叶长圆形,长圆状披针形或披针形,长4~13 cm,宽1.5~3.5 cm(稀4 cm),基部多少狭窄,常有圆形半抱茎的小耳,无柄,顶端稍尖或渐尖,边缘有小尖头状疏齿或全缘,上面有疏毛或近无毛,下面有疏伏毛和腺点,中脉和侧脉有较密的长毛;上部叶渐狭小,线状披针形。④花:头状花序径3~4 cm,多数或少数排列成疏散的伞房花序;花序梗细长;总苞半球形,径13~17 mm,长7~8 mm;总苞片约6层,线状披针形,近等长;外层基部革质,上部叶片背面有伏毛或近无毛,有缘毛;内层除绿色中脉外干膜质,渐尖,有腺点和缘毛;舌状花黄色,较总苞长2~2.5倍;舌片线形,长10~13 mm;管状花花冠长约5 mm,有三角披针形裂片;冠毛1层,白色,有20余个微糙毛,与管状花近等长。⑤果:瘦果长1~1.2 mm,圆柱形,有10条沟,顶端截形,被疏短毛(图3-107a、图3-107b、图3-107c)。

3-107a 旋覆花幼苗

图3-107b 旋覆花幼株及为害草坪状

图3-107c 旋覆花开花株及为害麦冬状

[发生特点] 多年生草本,花期6~10月,果期9~11月,以种子或根状茎繁殖。其喜生

于水边湿地。为草坪及地被植物区域常见杂草,发生量小,为害轻。

108.鸭跖草

鸭跖草 *Commelina communis* L.,又名兰花草、竹叶草,属鸭跖草科。

[分布范围] 该草分布于全国各地,尤以东南部省份发生重。

[识别特征] ①茎:圆柱形,长30~50 cm,上部直立或斜伸,下部匍匐生根。②叶:互生,无柄,披针形至卵状披针形,第1片叶长1.5~2 cm,有弧形脉,叶较肥厚,表面有光泽;叶基部下延成鞘,具紫红色条纹,鞘口有缘毛。③花:小花每3~4朵一簇,由一绿色心形折叠苞片包被,着生在小枝顶端或叶腋处;花被6片,外轮3片,较小,膜质,内轮3片,中前方1片白色,后方2片蓝色,鲜艳。④果:蒴果椭圆形,2室,有种子4粒。⑤种子:土褐色至深褐色,表面凹凸不平(图3-108a、图3-108b、图3-108c、图3-108d)。

[发生特点] 一年生草本,花果期7~10月,以种子繁殖。为草坪及地被植物区域常见杂草,发生量小,为害轻。

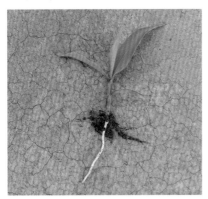

图3-108a　鸭跖草幼苗

图3-108b　鸭跖草幼株

图3-108c　鸭跖草开花株

图3-108d　鸭跖草为害三叶草状

109.饭包草

饭包草 *Commelina bengalensis* L.,又名火柴头,属鸭跖草科。

[分布范围] 该草分布于陕西、河北、河南、山东、江苏、安徽、浙江、江西、福建、台湾、广东、海南、广西、湖南、湖北、四川、云南等地。

[识别特征]　①茎:大部分匍匐,多分枝,上部上升,长可达70 cm,被稀疏柔毛,节上生不定根。②叶:卵形,具柄,长3~7 cm,宽1.5~4 cm,近无毛,叶鞘口有稀疏的长睫毛。③花:总苞片佛焰苞状,柄极短,常数个集于枝顶,下部边缘合生成漏斗状,长0.8~1.2 cm;花序分为两枝,下面一枝具细长梗,伸出佛焰苞,有1~3朵不孕花,上面一枝不伸出佛焰苞,有数朵花,结实;萼片膜质,披针形;花瓣蓝色,长0.3~0.5 cm。④果:蒴果,椭圆状,长0.4~0.6 cm;分为3室,腹面2室,每室有2粒种子,开裂;后面一室仅有1粒或没有种子,不裂。⑤种子:黑色,长约0.2 cm,多皱并有不规则网纹。⑥幼苗:子叶不出土;初生真叶1片,椭圆形,有5条弧形脉,叶鞘及鞘口均有长柔毛。后生叶卵形(图3-109a、图3-109b、图3-109c、图3-109d)。

图3-109a　饭包草幼苗

图3-109b　饭包草幼株

图3-109c　饭包草开花株

图3-109d　饭包草为害草坪状

[发生特点]　多年生草本,花果期7~10月,多以匍匐茎繁殖。为草坪及地被植物区域常见杂草,发生量小,为害轻。

三、莎草类杂草

110.香附子

香附子 *Cyperus rotundus* L.,又名打锣拖、回头青、香头草、三棱草、旱三棱、莎草,属莎草科。

[分布范围] 该草分布于陕西、山西、甘肃、河南、河北、山东、江苏、浙江、江西、安徽、福建、台湾、广东、广西、云南、贵州、四川等地。

[识别特征] ①根状茎:匍匐状,细长,具椭圆形或纺锤形块茎,坚硬,褐色,有香味。②茎:常单生,高15~95 cm,锐三棱形,平滑。③叶:较多,短于秆,宽2~5 mm,平张;鞘棕色,常裂成纤维状;叶状苞片3~5枚。④花:长侧枝聚伞花序简单或复出,具3~10个辐射枝,最长者达12 cm;穗状花序具3~10个小穗;小穗条形,斜展,长1~3 cm,宽约1.5 mm;小穗轴具较宽的、白色透明的翅;鳞片覆瓦状排列,膜质,卵形或矩圆状卵形,长约3 mm,顶端急尖或钝,中间绿色,两侧紫红色或红棕色;具5~7条脉;雄蕊3,花药暗血红色,药隔突出于花药顶端;花柱长,柱头3,伸出鳞片之外。⑤果:小坚果矩圆状倒卵形,三棱形,长为鳞片的1/3~2/5,具细点。⑥幼苗:第1片真叶线状披针形,有5条明显的平行脉,叶片横剖面呈V字形(图3-110a、图3-110b)。

图3-110a 香附子开花株

图3-110b 香附子花序

[发生特点] 多年生草本,夏秋季开花。适生于湿润环境。为草坪及地被植物区域常见杂草,发生量小,为害轻。

111.具芒碎米莎草

具芒碎米莎草 *Cyperus microiria* Steud.,又名三方草,属莎草科。

[分布范围] 该草分布于全国各地。

[识别特征] ①根:具须根。②茎:秆丛生,高20~50 cm,稍细,锐三棱形,平滑,基部具叶。③叶:短于秆,宽2.5~5 mm,平张;叶鞘红棕色,表面稍带白色。④花:叶状苞片3~4枚,长于花序;长侧枝聚伞花序复出或多次复出,稍密或疏展,具5~7个辐射枝,辐射长短不等,最长达13 cm;穗状花序卵形或宽卵形或近于三角形,长2~4 cm,宽1~3 cm,具多数小穗;小穗排列稍稀,斜展,线形或线状披针形,长6~15 mm,宽约1.5 mm,具8~24朵花;小穗轴直,具白色透明的狭边;鳞片排列疏松,膜质,宽倒卵形,顶端圆,长约1.5 mm,黄褐色或白色,背面具龙骨状突起,脉3~5条,绿色,中脉延伸出顶端呈短尖;雄蕊3,花药长圆形;花柱极短,柱头3。⑤果:小坚果倒卵形,三棱形,几与鳞片等长,深褐色,具密的

微突起细点(图3-111a、图3-111b)。

图3-111a　具芒碎米莎草开花株　　　　　　图3-111b　具芒碎米莎草花序

[发生特点]　一年生草本,花果期8~10月,以种子繁殖。生于山坡、田间、水边湿地。为草坪及地被植物区域常见杂草,发生量小,为害轻。

112.聚穗莎草

聚穗莎草 *Cyperus glomeratus* L.,又名头状穗莎草、三轮草、状元花,属莎草科。

[分布范围]　该草分布于东北、陕西、山西、甘肃、河北、河南、山东等地。

[识别特征]　①根状茎:较短,生多数须根。②茎:株高50~90 cm,秆粗壮,散生,钝三棱形,光滑,基部稍膨大。③叶:线形,短于秆,宽4~8 mm,先端狭尖,边缘不粗糙,叶鞘长,红棕色。④花:花序顶生,叶状苞片3~4,长于花序,边缘粗糙;复出长侧枝聚伞花序有3~8个辐射枝,辐射枝长短不等,最长可达12 cm;穗状花序无总花梗,近圆形、椭圆形或长圆形,长1~3 cm,宽6~15 mm,有极多数的小穗,小穗多列,排列紧密;小穗线状披针形或线形,稍扁平,长5~10 mm,宽1.5~2 mm,有花8~16朵,小穗轴有白色透明的翅;鳞片排列疏松,膜质,近长圆形,长约2 mm,棕红色,先端钝,背部无龙骨状突起,边缘内卷,脉不明显;雄蕊小,花药长圆形,暗血红色,药隔突出;花柱长,柱头3,较短。⑤果:小坚果长圆状三棱形,长约1 mm,灰褐色,有明显的网纹(图3-112a、图3-112b)。

图3-112a　聚穗莎草开花株

图3-112b　聚穗莎草花序

[发生特点]　一年生草本,花期6~8月,果期8~10月,以种子繁殖。生于水边沙土及路旁草丛中。为草坪及地被植物区域常见杂草,发生量小,为害轻。

113. 旋鳞莎草

旋鳞莎草 Cyperus michelianus(Linn.)Link,又名护心草、附心草,属莎草科。

[分布范围]　该草分布于东北、华北、华东及广东等地。

[识别特征]　①根:具许多须根。②茎:杆密丛生,高2~25 cm,扁三棱形,平滑。③叶:长于或短于杆,宽1~2.5 mm,平张或有时对折;基部叶鞘紫红色。④花:苞片3~6枚,叶状,基部宽,较花序长很多;长侧枝聚散花序呈头状,卵形或球形,直径5~15 mm,具极多数密集小穗;小穗卵形或披针形,长3~4 mm,宽约1.5 mm,具10~20余朵花;鳞片螺旋状排列,膜质,长圆状披针形,长约2 mm,淡黄白色,稍透明,有时上部中间具黄褐色或红褐色条纹,具3~5条脉,中脉呈龙骨状突起,绿色,延伸出顶端呈一短尖;雄蕊2,少1,花药长圆形、花柱长,柱头2,少3,通常具黄色乳头状突起。⑤果:小坚果狭长圆形、三棱形,长为鳞片的1/3~1/2,表面包有一层白色透明疏松的细胞(图3-113)。

图3-113　旋鳞莎草开花株

[发生特点]　一年生草本,花果期6~9

月,以种子繁殖。多生于水边潮湿空旷的地方。为草坪及地被植物区域常见杂草,发生量小,为害轻。

四、草坪地被植物化学除草

1.草坪化学除草

草坪杂草的化学治理通常分为种植前处理、播后苗前处理、草坪生长期处理和休眠期处理四个时期。种植前和休眠期处理采用灭生性除草剂进行茎叶喷雾;播后苗前处理采用土壤处理,主要用于直播方式种植的草坪;草坪生长期处理采用芽期除草剂土壤处理和杂草出苗后3~5叶期茎叶处理。

(1)一年生杂草(禾草、莎草)的治理:应抓住每年5~6月份、7~8月份两个杂草发生高峰期,即在两个阶段的杂草种子发芽前,适时选用两次芽前除草剂进行土壤处理,把杂草消灭在萌芽之中,避免杂草与草坪草共生,为草坪提供一个良好的生长环境。

①播后苗前土壤处理:在新种植草坪时,可在播后苗前施用除草剂进行土壤封闭处理,防止杂草发生。常用的除草剂有环草隆(不能用于狗牙根和剪股颖)、地散磷(不能用于早熟禾)、恶草灵(不能用于羊茅和剪股颖)、硝磺草酮等。在豆科草坪播后苗前,可用二甲戊乐灵、甲草胺、异丙甲草胺等除草剂来治理一年生禾草和小粒种子阔叶草。播后苗前施用除草剂的风险性大,极易出现药害。选用的除草剂应根据草坪的种类和环境条件来确定,在大面积施用前应先试验,取得成功后再应用。

②生长期土壤处理:为了防止草坪杂草的发生、为害,一般采用芽前除草剂土壤处理,即在草坪休眠期或初春土温回升至13~15 ℃时,草坪灌水开始返青后,施用芽前除草剂。常用除草剂有丁草胺、异丙甲草胺、杀草丹、甲草胺、氟草胺、恶草灵、萘丙酰草胺、二甲戊乐灵、乙氧氟草醚、扑草净(不能用于阔叶草草坪)、氨氟乐灵等。一般持效期30~50天,目前持效期最长的氨氟乐灵根据用量可以封闭90~180天。

③生长期茎叶处理:对于马唐、一年生早熟禾等偶尔能逃避芽前除草剂治理的一年生杂草,可采用骠马等芽后除草剂进行控制。需要注意的是,杂草宜小(3~4叶期),草坪草宜大(需在4叶期以上或成熟草坪)。

另外,对于白三叶、马蹄金等阔叶类草坪来讲,其一年生禾草较易治理,可采用土壤芽前除草剂如氨氟乐灵、地散磷等进行灭除;芽后除草剂可选用盖草能等在杂草4叶期前进行喷雾。

(2)多年生杂草(禾草、莎草)的治理:多年生禾草与草坪草极为相似,所导致的草害问题尤为突出,治理也较困难,尤其在冷季型草坪上。该类杂草的化学治理,除参照治理一年生杂草的芽前土壤处理法外,主要以非选择性除草剂进行播种前处理及草坪休眠期处理;生长期则采用内吸性除草剂以定向处理茎叶为主,有时需要多次重复用药,以达到治理要求。

①播种前茎叶处理：在草坪建植前采用灭生性除草剂，如草甘膦（41%水剂、43%水剂、74%颗粒剂）、草胺膦、敌草快等茎叶喷雾，治理建植地的杂草，特别是多年生杂草，可大大减少杂草种子源。

②生长期茎叶处理：根据草坪类型选用选择性除草剂，如在阔叶草坪上治理禾草，可选用烯禾定、氟吡甲禾灵、吡氟禾草灵等；治理禾本科草坪上的阔叶草，可选用2,4-D、唑草酮、氯氟吡氧乙酸等。另外，对那些难防的多年生禾草可采用灭生性除草剂（如草甘膦）定向喷雾来治理。同时，结合补种，防止杂草再发生。

（3）莎草科杂草的治理：莎草科杂草分为一年生和多年生，两者皆可以种子繁殖，后者主要以地下茎无性繁殖为主，更为难除。对于莎草科杂草的治理要点在于地下茎的根除，一般速效的内吸型除草剂，如草甘膦等，很难一次覆盖绝大多数地下茎，往往需要重复用药；磺酰脲类的三氟啶磺隆等内吸型除草剂传导更为彻底，但见效较慢，一般随温度在3~6周内使杂草死亡。

其他适用于禾本科草坪的阔叶除草剂还有硝磺草酮、氯氟吡氧乙酸、二氯吡啶酸、三氯吡氧乙酸、唑草酮等，三氟啶磺隆、甲磺草胺、灭草松等能兼除阔叶及莎草科杂草。

2,4-D、麦草畏等治理阔叶杂草的除草剂，是一类除禾草外对所有双子叶植物有杀除作用的化学药物，一旦喷施到修饰性花木及周边其他植物上亦能引起广泛的中毒，因此在使用时应格外小心，以免造成严重后果。

（4）常见芽后除草剂对草坪草的安全性：在商品化的除草剂中，大约只有10%的品种可用于草坪除草。特定草坪，可选用的除草剂则更为有限，同一除草剂对一些草坪安全而对另一些草坪则不安全。同一种草坪的不同品种对某种除草剂的敏感性也可能不一样。另外，环境条件、施药时草坪的生长状况等也会影响到草坪对除草剂的敏感性。因此，在草坪化学除草的过程中，必须遵守先试验、后推广应用的原则，谨慎行使，以免发生药害。

2.播种地被植物化学除草

许多地被植物如三叶草、雏菊、蛇目菊、金鸡菊、黑心菊、松果菊、百日草、二月兰、地被石竹等常常是露地苗床播种或露地直播，可在播前或播后出苗前进行各种药剂处理。

（1）播后苗前已出杂草的治理：苗床或少耕地块，在种植前先整好畦面，对已出土的杂草可用43%草甘膦钾盐（森霸/泰草达）水剂150~250 mL，兑水20~30 L做茎叶喷雾处理，在药液中加入0.1%的非离子型表面活性剂效果更好。杂草死后，播种时应尽可能少翻动表土，以免未出土的杂草种子获得新的萌发条件。播种覆盖后亦可用草甘膦或草铵膦处理。

（2）播前土壤处理：地面整好后，每亩用48%氟乐灵乳油80~120 mL，兑水40~60 L对地表进行喷雾处理，施药后随即掺入表土。在施药5~7天后播种较安全，施用量不宜超过每亩120 mL，否则容易产生药害。

（3）播后苗前土壤处理：播后苗前每亩采用60%丁草胺乳油100 mL、50%敌草胺（大惠利）可湿性粉剂100~150 g，兑水40~60 L喷雾。注意花卉种子一定要覆土盖严，否则容易产生药害。百日草、金鸡菊、硫华菊、波斯菊四种草花品种可以在播后当天每亩用65%氨氟乐灵（拔绿）40 g进行土壤处理，可有效控制一年生禾本科及部分阔叶杂草，持效期可达2个月且对上述四种草花安全。

（4）苗后茎叶处理：若圃地内的杂草以禾本科杂草为主，在其2~4叶期采用专杀禾草而对双子叶植物安全的药剂，常见的品种及每亩用量为：15%精稳杀得乳油50~67 mL、5%精禾草克乳油50~70 mL、10.8%高效盖草能乳油40~60 mL、12%烯草酮（收乐通）乳油30~40 mL，兑水40~60 L后进行茎叶喷雾处理。

3. 移栽地被植物化学除草

地被菊、玉簪、鸢尾、马蔺、麦冬、萱草、文殊兰、万年青、八仙花、八角金盘、绣线菊、金森女贞等多采用扦插繁殖或营养钵育苗，而后移栽，可在移栽前后进行药剂处理。

（1）移栽前土壤处理。移栽前每亩采用48%氟乐灵乳油120~150 mL，兑水40~60 L喷雾。施药后浅混土2~3 cm后即可移栽。移栽时尽可能不让药土落入根部，否则会对根系产生抑制作用。

（2）移栽后土壤处理

①毒土法：有的花卉植株之间空隙小、不均匀，无法进行土表喷雾处理，只能采用毒土法。即每亩采用24%乙氧氟草醚（果尔）乳油45~60 mL或60%丁草胺乳油200~300 mL，放入5 L清水中摇匀，然后用喷雾器均匀喷雾于已过筛的30~40 kg细土（细沙）中，边喷边搅拌，使药剂与细土混合均匀，再封闷2~3小时，让药剂充分被土壤吸附，随后均匀撒到苗床上（露水干后），然后用小竹枝或树枝轻扫沾有药土的苗木，使药土落入土表。

②定向喷雾法：花卉植株之间空隙大，条行明显，此时可采用定向喷雾法。具体操作为：苗高在30 cm以下时，先将圃地内的杂草人工清除，然后每亩采用60%丁草胺乳油100~150 mL，兑水40~60 L，在花木行间进行定向喷雾。使用丁草胺的优点是安全，即使药液触及花木茎叶，也不会造成严重药害。或每亩用65%氨氟乐灵（拔绿）60~120 g，施药后需要浇水以使药剂在土壤中形成均匀的药土层，持效期可长达3~6个月。

在苗高30 cm以上，且有少量杂草的情况下，每亩采用43%草甘膦钾盐（森霸）水剂250 mL与65%氨氟乐灵（拔绿）90 g兑水40~60 L，采用带防护罩喷头在花木行间进行定向喷雾，操作时喷头离地面要低，尽量避免药液溅及花木茎叶，尤其是幼叶与幼芽。对已出土杂草杀灭，未出土杂草进行封闭，该技术需要施药后次日淋水，以使叶片上的药剂进入土壤。

在此需要说明的是，利用化学药剂治理草坪地被植物杂草，虽然省工、方便、高效，但应用技术要求较高，除草剂的施用效果受地区、气候、土质、植物品种及生育期等影响较大,处理不当时,非常容易产生药害,造成不应有的损失。因而各地在采用化学除草方案时,一定要按照使用技术要求认真实施。大量使用除草剂时,为保险起见,最好先进行小规模试验,确保安全无药害时,再大规模地实施。同时要积极与其他除草方式进行有机结合,从而达到理想的除草效果。

参考文献

[1]彩万志,庞雄飞,花保祯,等. 普通昆虫学[M]. 北京:中国农业大学出版社,2011.

[2]蔡平,祝树德. 园林植物昆虫学[M]. 北京:中国农业出版社,2003.

[3]车晋滇.中国外来杂草原色图鉴[M].北京:化学工业出版社,2010.

[4]陈捷,刘志诚. 花卉病虫害防治原色生态图谱[M]. 北京:中国农业出版社,2009.

[5]陈岭伟. 园林植物病虫害防治[M]. 北京:高等教育出版社,2002.

[6]陈青,梁晓,伍春玲. 常用绿色杀虫剂科学使用手册[M]. 北京:中国农业科学技术出版社,2019.

[7]陈申宽. 植物检疫[M]. 北京:中国农业出版社,2015.

[8]陈啸寅,马成云. 植物保护[M]. 2版. 北京:中国农业出版社,2008.

[9]陈秀虹,伍建榕,杜宇. 园林植物病害诊断与养护[M]. 北京:中国建筑工业出版社,2020.

[10]陈玉琴,汪霞. 花卉病虫害防治[M]. 杭州:浙江大学出版社,2012.

[11]陈志明.草坪建植与养护[M].北京:中国林业出版社,2003.

[12]成卓敏. 新编植物医生手册[M]. 北京:化学工业出版社,2008.

[13]程亚樵,丁世民. 园林植物病虫害防治[M]. 2版. 北京:中国农业大学出版社,2011.

[14]程亚樵. 园艺植物病虫害防治[M]. 北京:中国农业出版社,2013.

[15]丁建云,张建华.北京灯下蛾类图谱[M]. 北京:中国农业出版社,2016.

[16]丁梦然,夏希纳. 园林花卉病虫害防治彩色图谱[M]. 北京:中国农业出版社,2001.

[17]丁梦然. 园林苗圃植物病虫害无公害防治[M]. 北京:中国农业出版社,2004.

[18]费显伟. 园艺植物病虫害防治[M]. 2版. 北京:高等教育出版社,2010.

[19]郭书普,等.旱田杂草识别与防治原色图谱[M].合肥:安徽科学技术出版社,2005.

[20]《河北森林昆虫图册》编写组.河北森林昆虫图册[M].石家庄:河北科学技术出版社,1984.

[21]胡琼波. 植物保护案例分析教程[M]. 北京:中国农业出版社,2015.

[22]胡志凤,张淑梅. 植物保护技术[M]. 2版. 北京:中国农业大学出版社,2018.

[23]黄灏,张巍巍.常见蝴蝶野外识别手册[M].2版.重庆:重庆大学出版社,2008.

[24]黄宏英,程亚樵. 园艺植物保护概论[M]. 北京:中国林业出版社,2006.

[25]黄少彬. 园林植物病虫害防治[M]. 北京:高等教育出版社,2006.

[26]嵇保中,刘曙雯,张凯. 昆虫学基础与常见种类识别[M]. 北京:科学出版社,2011.

[27]纪明山. 新编农药科学使用技术[M]. 北京:化学工业出版社,2019.

[28]江世宏. 园林植物病虫害防治[M]. 重庆:重庆大学出版社,2007.

[29]金红云,等. 主要杂草系统识别与防治图谱[M]. 北京:中国农业科学技术出版社,2016.

[30]康克功. 园艺植物保护技术[M]. 重庆:重庆大学出版社,2013.

[31]孔宝华,蔡红,陈海如,等. 花卉病毒病及防治[M]. 北京:中国农业出版社,2003.

[32]雷朝亮,荣秀兰. 普通昆虫学[M]. 北京:中国农业出版社,2003.

[33]李怀方,刘凤权,郭小密. 园艺植物病理学[M]. 北京:中国农业大学出版社,2002.

[34]李清西,钱学聪. 植物保护[M]. 北京:中国农业出版社,2002.

[35]李庆孝,何传据. 生物农药使用指南[M]. 北京:中国农业出版社,2006.

[36]林余霖. 中草药野外识别图谱[M]. 北京:北京出版集团,2016.

[37]梁帝允,张治. 中国农区杂草识别图册[M]. 北京:中国农业科学技术出版社,2013.

[38]梁傢林,姚圣忠. 张家口林果花卉昆虫[M]. 北京:中国林业出版社,2016.

[39]刘仲健,罗焕亮,张景宁. 植原体病理学[M]. 北京:中国林业出版社,1999.

[40]卢希平. 园林植物病虫害防治[M]. 上海:上海交通大学出版社,2004.

[41]鲁传涛,等. 农田杂草识别与防治原色图谱[M]. 北京:中国农业科学技术出版社,2014.

[42]马安民,崔维. 园林植物杀虫剂应用技术[M]. 郑州:河南科学技术出版社,2017.

[43]马成亮,等. 潍坊本草[M]. 兰州:兰州大学出版社,1998.

[44]马成云,张淑梅,窦瑞木. 植物保护[M]. 北京:中国农业大学出版社,2011.

[45]马成云. 作物病虫害防治[M]. 北京:高等教育出版社,2009.

[46]马奇祥,赵永谦. 农田杂草识别与防除原色图谱[M]. 北京:金盾出版社,2005.

[47]潘文博,周普国. 中国农药发展报告(2017)[M]. 北京:中国农业出版社,2019.

[48]彭志源. 中国农药大典[M]. 广州:中国科技文化出版社,2005.

[49]商鸿生,王凤葵. 草坪病虫害及其防治[M]. 北京:中国农业出版社,1996.

[50]上海市农业技术推广服务中心. 农药安全使用手册[M]. 上海:上海科学技术出版社,2009.

[51]邵振润,闫晓静. 杀菌剂科学使用指南[M]. 北京:中国农业科学技术出版社,2014.

[52]邵振润,张帅,高希武. 杀虫剂科学使用指南[M]. 2版. 北京:中国农业出版社,2014.

[53]沈国辉,等. 菜田、果园和茶园杂草化学防除[M]. 北京:化学工业出版社,2003.

[54]首都绿化委员会办公室. 草坪病虫害[M]. 北京:中国林业出版社,2000.

[55]宋建英. 园林植物病虫害防治[M]. 北京:中国林业出版社,2005.

[56]孙晓刚. 草坪建植与养护[M]. 北京:中国农业出版社,2002.

[57]邰连春. 作物病虫害防治[M]. 北京:中国农业大学出版社,2007.

[58]陶振国. 园林植物保护[M]. 北京:中国劳动社会保障出版社,2004.

[59]王丽平,曹洪青,杨树明. 园林植物保护[M]. 北京:化学工业出版社,2006.

[60]王小奇,方红,张治良. 辽宁甲虫原色图鉴[M]. 沈阳:辽宁科学技术出版社,2012.

[61]王心丽. 夜幕下的昆虫[M]. 北京:中国林业出版社,2008.

[62]王运兵,吕印谱. 无公害农药实用手册[M]. 郑州:河南科学技术出版社,2004.

[63]夏世钧. 农药毒理学[M]. 北京:化学工业出版社,2008.

[64]徐秉良,曹克强. 植物病理学[M]. 2版. 北京:中国林业出版社,2017.

[65]徐公天,庞建军,戴秋惠. 园林绿色植保技术[M]. 北京:中国农业出版社,2003.

[66]徐公天,杨志华. 中国园林害虫[M]. 北京:中国林业出版社,2007.

[67]徐公天. 园林植物病虫害防治原色图谱[M]. 北京:中国农业出版社,2003.

[68]徐映明. 农药问答[M]. 4版. 北京:化学工业出版社,2005.

[69]徐正浩,等. 杂草识别与防治[M]. 杭州:浙江大学出版社,2014.

[70]徐志华,张少飞,乔建国,等. 城市绿地病虫害诊治图说[M]. 北京:中国林业出版社,2004.

[71]徐志华. 园林花卉病虫生态图谱[M]. 北京:中国林业出版社,2006.

[72]薛光. 草坪杂草原色图谱[M]. 北京:中国农业出版社,2008.

[73]杨子琪,曹华国. 园林植物病虫害防治图鉴[M]. 北京:中国林业出版社,2002.

[74]虞国跃. 北京蛾类图谱[M]. 北京:科学出版社,2015.

[75]虞国跃. 我的家园——昆虫图记[M]. 北京:电子工业出版社,2017.

[76]虞国跃,王合. 北京林业昆虫图谱(Ⅰ)[M]. 北京:科学出版社,2018.

[77]虞国跃,王合. 北京蚜虫生态图谱[M]. 北京:科学出版社,2019.

[78]虞国跃,王合,冯术快. 王家园昆虫[M]. 北京:科学出版社,2016.

[79]恽之英,等. 农田杂草识别原色图谱[M]. 北京:中国农业出版社,2012.

[80]张宝棣. 园林花木病虫害诊断与防治原色图谱[M]. 北京:金盾出版社,2002.

[81]张红燕,石明杰. 园艺作物病虫害防治[M]. 北京:中国农业大学出版社,2009.

[82]张连生. 北方园林植物病虫害防治手册[M]. 北京:中国林业出版社,2007.

[83]张随榜. 园林植物保护[M]. 2版. 北京:中国农业出版社,2010.

[84]张巍巍. 昆虫家谱[M]. 重庆:重庆大学出版社,2014.

[85]张巍巍,李元胜. 中国昆虫生态大图鉴[M]. 重庆:重庆大学出版社,2011.

[86]张中社,江世宏. 园林植物病虫害防治[M]. 2版. 北京:高等教育出版社,2010.

[87]张祖新,等. 草坪病虫草害的发生与防治[M]. 中国农业科技出版社,1997.

[88]赵桂芝. 百种新农药使用方法[M]. 北京:中国农业出版社,1997.

[89]赵美琦,孙明,王慧敏. 草坪病害[M]. 北京:中国林业出版社,1999.

[90]赵善欢. 植物化学保护[M]. 北京:中国农业出版社,2003.

[91]郑加强,周宏平,徐幼林. 农药精准实用技术[M]. 北京:科学出版社,2006.

[92]郑进,孙丹萍. 园林植物病虫害防治[M]. 北京:中国科学技术出版社,2003.

[93]中国科学院北京植物研究所化学除草组. 农田杂草的识别与化学防除[M]. 北京:科学出版社,1977.

[94]周尧.中国蝴蝶原色图鉴[M].郑州:河南科学技术出版社,1999.

[95]朱强.500种中草药识别图鉴[M].南京:江苏凤凰科学技术出版社,2015.

[96]朱天辉.园林植物病理学[M].2版.北京:中国农业出版社,2016.

[97]山东出入境检验检疫局.山东外来杂草监测技术指南[S].济南,2009.

[98]陈玉兰.植物检疫在国际贸易中的作用和地位[J].商场现代化,2008(10):6-8.

[99]段半锁,李占龙.可持续园林发展与害虫防治[J].园林科技信息,2004(1):25-27.

[100]胡春玲.园林害虫防治中存在的问题及可持续控制对策[J].甘肃农业科技,2008(6):46-48.

[101]胡跃华.榛卷叶象甲生物学特性及防治措施[J].辽宁林业科技,2011(4):25-26.

[102]李建华.植物病害防治措施[J].现代农业科技,2010(22):177-178.

[103]李新.拟除虫菊酯类杀虫剂研发及市场概况[J].农药,2016,55(9):625-630.

[104]刘启宏.城市园林生态系统害虫的持续控制和治理对策[J].甘肃科技,2009(20):158-160.

[105]吕佳乐,王恩东,徐学农.天敌产业化是全链条的系统工程[J].植物保护,2017,43(3):1-7.

[106]孙娟.浅析当前阿维菌素存在的问题与对策[J].中国农药,2009(7):15-20.

[107]王强,何家庆,陈谦,等.取食加拿大一枝黄花的白条银纹夜蛾生物学特性及食性研究[J].中果农学通报,2011(4):60-65.

[108]吴军平,廖思平,罗洪.浅析森林植物及其产品产地检疫[J].林业科技情报,2010(3):36-38.

[109]徐学农,王恩东.国外昆虫天敌商品化生产技术及应用[J].中国生物防治,2008(1):75-79.

[110]阎春仙,郝赤,王美琴.大牙土天牛的初步研究[J].山西农业大学学报,1997,17(4):342-345.

[111]袁冬梅.樱桃球坚蚧在上海金山的生物学特性研究[J].上海农业科技,2017(4):135-136.

[112]张纯胃.害虫对色彩的趋性及其应用技术发展[J].温州农业科技,2007(2):1-2.

[113]张红玉.灰绒麝凤蝶的饲养和生物学习性观察[J].生物学杂志,2014(5):45-49.

[114]章一巧,袁冬梅,陈坚,等.樱桃球坚蚧在上海的生物学特性及其药剂防治[J].中国森林病虫,2015(4):30-32.

[115]周启发.中国物理防治虫害有突破[J].农药市场信息,2010(4):36-37.

中文索引

病害中文索引

害虫中文索引

杂草中文索引

拉丁文索引

病害拉丁名及英文名索引

害虫拉丁文索引

杂草拉丁文索引